U0388982

计算机科学与技术丛书

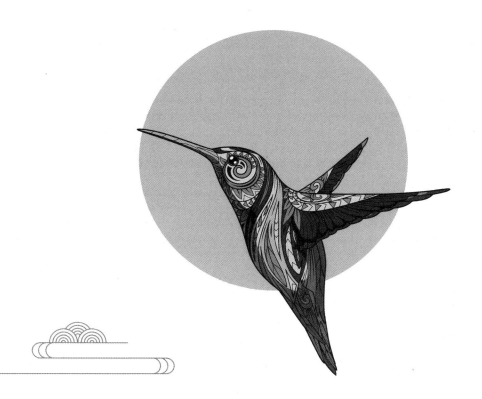

# Qt嵌入式开发实战

## 从串口通信到JSON通信

### 微课视频版

曹珂 黄苗玉 张玉 邓宽◎编著

清华大学出版社

北京

## 内 容 简 介

本书针对嵌入式、物联网开发的工程需求,在全面介绍 UART 接口、RS485 接口等硬件接口的工作原理、调试方法的基础上,介绍了 Qt 跨平台开发的知识,如 GUI 编程、信号和槽、定时器、事件循环、HTTP 和 TCP 通信等。尤其是着重介绍了网络通信中常用的 JSON 的原理和 cJSON 库的使用方法。本书以一个气象站程序为例,对介绍的知识加以应用,同时展示了工程实践中程序迭代升级的过程。

全书可以分为 3 部分:第一部分(第一章和第 2 章)主要介绍硬件接口知识,包括硬件接口(UART、RS485)、通信协议(Modbus)、调试工具(逻辑分析仪、串口调试助手)等的原理和使用方法;第二部分(第 3~6 章)主要介绍 Qt 开发的知识,包括 GUI 程序开发、控件、信号和槽、事件的使用等;第三部分(第 7 章和第 8 章)不但介绍了 HTTP 与 TCP 等协议原理、Qt 进行网络通信的方法,还结合中国移动 OneNET 物联网平台介绍了 JSON 数据交换格式和 cJSON 库的使用等。

本书既可作为高等学校嵌入式、物联网、自动化、微电子、通信工程、计算机等专业的教材,也可作为实践案例供嵌入式、物联网相关行业的研发人员和研究人员参考。

**本书封面贴有清华大学出版社防伪标签,无标签者不得销售。**

**版权所有,侵权必究。举报:010-62782989,beiqinquan@tup.tsinghua.edu.cn。**

**图书在版编目(CIP)数据**

Qt 嵌入式开发实战:从串口通信到 JSON 通信:微课视频版/曹珂等编著.—北京:清华大学出版社,2023.7(2024.6 重印)

(计算机科学与技术丛书)

ISBN 978-7-302-63188-0

Ⅰ. ①Q… Ⅱ. ①曹… Ⅲ. ①软件工具—程序设计 Ⅳ. ①TP311.561

中国国家版本馆 CIP 数据核字(2023)第 052603 号

责任编辑:刘　星　李　晔
封面设计:李召霞
责任校对:申晓焕
责任印制:沈　露

出版发行:清华大学出版社
　　　　网　　　址:https://www.tup.com.cn, https://www.wqxuetang.com
　　　　地　　　址:北京清华大学学研大厦 A 座　　　邮　　编:100084
　　　　社 总 机:010-83470000　　　　邮　　购:010-62786544
　　　　投稿与读者服务:010-62776969, c-service@tup.tsinghua.edu.cn
　　　　质量反馈:010-62772015, zhiliang@tup.tsinghua.edu.cn
　　　　课件下载:https://www.tup.com.cn, 010-83470236
印　装　者:北京嘉实印刷有限公司
经　　销:全国新华书店
开　　本:186mm×240mm　　　印　张:14.25　　　字　　数:323 千字
版　　次:2023 年 8 月第 1 版　　　印　　次:2024 年 6 月第 4 次印刷
印　　数:3501~5000
定　　价:59.00 元

产品编号:100075-01

# 前 言
PREFACE

**写作背景**

自从 1999 年 Kevin Ashton 提出了物联网（Internet of Things,IoT）的概念后,经过二十多年的发展,物联网技术已经走入了每个人的生活中。物联网是新一代信息技术的重要组成部分,也是嵌入式技术和互联网相互融合的产物。随着智能设备、智能终端的不断发展,物联网技术和嵌入式技术变得密不可分。

2022 年 1 月 12 日,国务院《"十四五"数字经济发展规划》中提出要打造智慧共享的新型数字生活,加快既有住宅和社区设施数字化改造,打造智能楼宇、智能停车场、智能充电桩、智能垃圾箱等公共设施。2022 年 4 月 25 日,国务院《关于进一步释放消费潜力促进消费持续恢复的意见》指出,"要推进第五代移动通信(5G)、物联网、云计算、人工智能、大数据等领域标准研制。"艾瑞咨询系列研究报告（2022 年第 6 期）指出,在 2022 年 1～5 月,仅智能家居行业投融资事件就达到了 60 次,涉及金额 166 亿元人民币。

不难看出,随着数字经济政策上升至国家战略,嵌入式、物联网行业的春天来了。越来越多的高校毕业生和企业研发人员选择这一领域作为职业发展方向。

但是嵌入式、物联网的开发与传统的软件开发不同。它不仅要求研发人员具有一定的工程经验积累,还要具有软件编程知识、硬件开发知识、网络通信知识甚至云计算知识等。而且物联网和嵌入式开发有着自己独有的测试工具、调试方法。如果不了解这些方法,强行上马必然会事倍功半。

针对这一现状,编者结合自身的教学经验和项目经验,对嵌入式、物联网行业常用的UART 和 RS485 接口、Qt 开发平台、网络通信和 JSON 数据交换格式（含 cJSON 库）这 3 部分内容进行详细讲解。同时用一个不断迭代更新的简易气象站程序贯穿这 3 部分内容,实现了知识学习和项目实践的紧密结合。对于嵌入式、物联网开发中必不可少的工具,如串口调试助手、网络调试助手、逻辑分析仪等工具,本书也做了详细的介绍。

**内容框架**

本书按照从硬件到软件、从单机到网络的思路,将内容划分为硬件接口知识、Qt 开发知识、网络通信知识 3 部分。

（1）硬件接口知识部分,包括第 1 章和第 2 章。这一部分介绍了常用硬件接口原理（包括 UART 接口、RS485 接口）、Modbus 通信协议原理、硬件模块原理（包括 GY-39 气象信息模块和 PR-3000 风速风向模块）和调试工具（包括逻辑分析仪和串口调试助手）的使用。

（2）Qt 开发知识部分，包括第 3～6 章。Qt 是一个开源的、跨平台的 C++ 开发库，在嵌入式和物联网行业有着广泛的应用。这一部分先讲解了 C++ 开发的基础知识，然后介绍了 Qt 的核心功能和常用模块，如信号和槽、串口通信、事件、定时器、子窗口等。

（3）网络通信知识部分，包括第 7 章和第 8 章。这一部分以中国移动 OneNET 物联网开放平台为例，详细讲解了使用 Qt 进行 TCP、HTTP 网络通信的原理和方法。同时着重讲解了网络通信中极为常用的 JSON 数据交换格式和 cJSON 库的使用方法。

在各个章节的实践案例部分，逐步带领读者完成了一个功能全面的气象站控制程序。通过该程序的编写和迭代升级，读者可以获取工程实践中程序开发的经验。

### 特色亮点

#### 1．本书内容贴近工程应用，实践性强

围绕简易气象站这一主题，从嵌入式项目开发的角度设计了一系列循序渐进、由浅入深的案例。通过程序的不断迭代和优化，最终得到了功能完整的气象站程序。

#### 2．本书注重夯实硬件基础，加深理解

本书不但讲解了工程领域常用的 UART 接口、RS485 接口、Modbus 通信协议的工作原理和工作过程，还讲解了工程上常用的逻辑分析仪、串口调试助手、网络调试助手等测试工具，从而使读者加深对硬件工作原理的理解。

#### 3．本书关注嵌入式项目开发的"痛点"

随着物联网和 5G 技术的广泛应用，"万物互联"即将成为现实。但是物联网行业需要开发者掌握多方面的知识，大大提高了入门门槛。本书针对这一痛点，着重讲解了网络数据传送、JSON 和 cJSON 库的使用等内容，帮助读者优化知识体系，步入万物互联的 5G 时代。

### 读者对象

本书既可作为高等学校嵌入式、物联网、自动化、微电子、通信工程、计算机等专业的教材，也可作为实践案例供嵌入式、物联网相关行业的研发人员参考。读者应当具备一定的编程知识和电子电路知识。由于 Qt 是基于 C++ 的开发平台，本书安排了一章的内容帮助读者进行 C 到 C++ 的过渡。只有 C 语言基础的读者也无须担心。

### 配套资源

- **程序代码、工具软件等资源**：扫描目录上方的"配套资源"二维码下载。
- **课件、大纲、教案等资源**：扫描封底的"书圈"二维码在公众号下载，或者到清华大学出版社官方网站本书页面下载。
- **微课视频（360 分钟，31 集）**：扫描书中相应章节中的二维码在线学习。
- 本书配套了气象站硬件，可以有效地提高学习效率。读者可以根据附录中的电路图进行制作，但不可用于商业用途。

注：请先扫描封底刮刮卡中的文泉云盘防盗码进行绑定后再获取配套资源。

### 致谢

本书既是江苏省现代教育技术研究课题（2022-R-102343）和金陵科技学院产教融合型

一流课程"嵌入式系统设计"建设的成果,也是编者所在单位与南京优奈特信息科技有限公司(苏嵌教育)开展校企合作人才培养的成果。

本书由曹珂、黄苗玉、张玉、邓宽编写,林新华、梁庚审稿。本书是几位教师多年教学成果的反思和积累,随着实际教学进行了多次归纳整理和更新。在此特别感谢陈正宇、王锦江、徐军、陶永会、牛犇、刘飞、孙晨、王朕等教师和学生的大力支持。

本书在编写过程中还参考了许多资料并列在参考文献中,由于相关领域的资料浩如烟海,部分参考文献可能会有所遗漏,在此向各位作者表示深深的谢意和歉意。

因编者水平有限,书中难免出现错误,恳请读者批评指正。

编 者

2023 年 4 月

# 微课视频清单

| 序号 | 视 频 名 称 | 书 中 位 置 |
|------|-----------|-----------|
| 1 | Qt 的安装和基本操作 | 1.1 节节首 |
| 2 | 配套气象站硬件介绍 | 1.2 节节首 |
| 3 | UART 接口简介 | 2.1 节节首 |
| 4 | GY-39 模块的原理和使用 | 2.2 节节首 |
| 5 | RS485 接口和 Modbus 协议 | 2.3 节节首 |
| 6 | PR3000 模块的原理和使用 | 2.4 节节首 |
| 7 | C++简介 | 3.1 节节首 |
| 8 | C++的基本输入/输出 | 3.2 节节首 |
| 9 | C++的函数 | 3.3 节节首 |
| 10 | 类和对象 | 3.4 节节首 |
| 11 | 类的继承和派生 | 3.5 节节首 |
| 12 | Qt 自带控件的使用 | 4.1.1 节节首 |
| 13 | Qt 特有数据类型和调试函数 | 4.1.2 节节首 |
| 14 | 简易气象站程序 V0.1 的实现 | 4.2 节节首 |
| 15 | Qt 串口通信类的使用 | 5.1.1 节节首 |
| 16 | QUC SDK 的安装和使用 | 5.1.2 节节首 |
| 17 | 窗口菜单的使用 | 5.1.3 节节首 |
| 18 | 简易气象站程序 V0.2 的实现 | 5.2 节节首 |
| 19 | 信号和槽的概念和使用 | 6.1.1 节节首 |
| 20 | 定时器、事件过滤器和事件循环 | 6.1.3 节节首 |
| 21 | 子窗口和配置文件的使用 | 6.1.6 节节首 |
| 22 | 简易气象站程序 V1.0 的实现 | 6.2 节节首 |
| 23 | 网络通信基础 | 7.1.1 节节首 |
| 24 | 使用 Qt 进行 TCP 通信 | 7.1.2 节节首 |
| 25 | OneNET 和 TCP 数据解析 | 7.1.5 节节首 |
| 26 | 简易气象站程序 V2.0 的实现 | 7.2 节节首 |
| 27 | HTTP 基础 | 8.1.1 节节首 |
| 28 | 使用 Qt 进行 HTTP 通信 | 8.1.4 节节首 |
| 29 | JSON 和 cJSON 库基础 | 8.1.5 节节首 |
| 30 | cJSON 库的使用 | 8.1.6 节节首 |
| 31 | 简易气象站程序 V3.0 的实现 | 8.2 节节首 |

# 本书内容要点思维导图

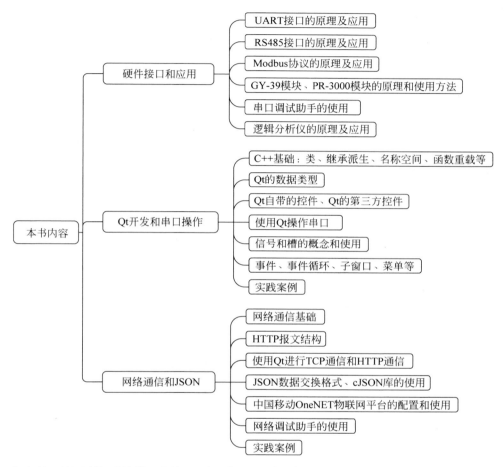

本书按照从硬件到软件、从单机到网络的思路，将内容划分为硬件接口知识、Qt 开发知识、网络通信知识（含 JSON 和 cJSON 库的使用）3 部分，如思维导图所示。

（1）硬件接口知识部分。介绍了常用硬件接口（UART 接口、RS485 接口）、Modbus 通信协议原理、硬件模块的原理和调试工具的使用。其中 UART 接口是嵌入式开发中最常见的协议之一。Modbus 通信协议作为国家标准（GB/T 19582.2—2008），在工业上有着广泛的应用。

（2）Qt 开发知识部分。Qt 是一个开源的、跨平台的 C++ 开发库，在嵌入式和物联网行业有着广泛的应用。这一部分先讲解了 C++ 的基础知识，然后按照学习规律详细介绍了 Qt 的核心功能和常用模块，从而帮助读者掌握 Qt 开发的基本技能。

（3）网络通信知识部分。以中国移动 OneNET 物联网开放平台为例，详细讲解了使用 Qt 进行 TCP、HTTP 网络通信的原理和方法。着重讲解了网络通信中极为常用的 JSON 数据交换格式和 cJSON 库的使用方法。

在各个章节的实践案例部分，完成了一个具有工程价值的简易气象站控制程序。通过该程序的开发、迭代过程，展示了实际工程项目的开发流程。

# 目 录
## CONTENTS

配套资源

# 第1章

# 准 备 工 作

## 1.1 Qt 的安装和基本操作

本章作为正式学习前的铺垫,先带领读者完成 Qt 开发环境的安装和配置,并讲解 Qt 开发环境的基本使用方法。Qt Creator 是进行 Qt 开发的首选工具,在 Qt 开发方面具有得天独厚的优势。

### 1.1.1 Qt 和 Qt Creator

**1. Qt 简介**

Qt 是一个基于 C++ 的跨平台图形用户界面程序开发框架,其不但可以实现美观的程序界面,还提供了多线程、数据库、图像处理、音频视频处理、网络通信、文件操作等库。从 Qt 4.0 开始,这些功能划分为不同的模块,如 Qt Core、Qt GUI、Qt Widgets、Qt Network 等。

Qt 最早于 1991 年由 Qt Company 开发。2008 年,Qt Company 被诺基亚公司收购。Qt 也因此成为诺基亚旗下的编程语言工具。2012 年,Qt 被 Digia 收购。2014 年 9 月,Digia 宣布成立 Qt Company 全资子公司,独立运营 Qt 商业授权业务。经过 30 多年的发展,Qt 已经成为最优秀的跨平台开发框架之一,在各行各业的项目开发中得到广泛应用。

Qt 支持多种常见的操作系统。不但可以开发 PC 上的应用程序,还可以进行移动平台和嵌入式平台的程序开发。许多跨平台的大中型软件都使用 Qt 进行开发,如 WPS Office、Autodesk Maya、Google Earth、腾讯会议、Ansys 等。世界上第一个比特币钱包程序 Bitcoin-Qt 就是使用 Qt 开发的。

**2. Qt Creator**

"工欲善其事,必先利其器。"开发人员在编写程序时往往会用到多种工具,如代码编写工具、编译工具、调试工具等。集成开发环境(Integrated Development Environment,IDE)就是为开发人员提供全套开发工具的应用程序套件。常见的 IDE 有微软的 Visual Studio、用于安卓 APP 开发的 Android Studio、用于 Java 开发的 Eclipse、用于 Qt 开发的 Qt Creator 等。

Qt Creator 是一款跨平台 IDE,可在 Windows、Linux 和 macOS 上运行,包含了项目向

导、编辑器、Qt Designer(UI 设计)、Qt Assistant(API 查询助手)、Qt Linguist(多语言支持)、图形化 GDB 调试器、qmake 构建工具等功能，支持 C++、QML、JavaScript、Python 等多种编程语言，具备代码补全、语法高亮显示等功能。同一个版本的 Qt Creator 可以搭配不同版本的 Qt 进行开发，十分灵活。Qt 官方还提供了 Qt Visual Studio Tools 插件，帮助开发者使用 Visual Studio 进行 Qt 开发。

## 1.1.2　Windows 平台下 Qt 安装

### 1. Qt 的下载

Qt 官网提供了 Qt(含 Qt Creator)各个历史版本的下载。截至本书成稿时，Qt 的最新版本为 6.4。由于 Qt 公司商业策略的转变，最后一个可以完整下载、离线安装的 Qt 版本为 5.14.2。新版本 Qt 的安装程序采用联网安装的形式，无法下载完整的安装包。

本书使用的 Qt 版本为 5.14.2。Qt 的官网分别提供了可用于 Windows、macOS、Linux 三个系统的安装包。本书采用的安装包是 qt-opensource-windows-x86-5.14.2.exe。文件名中的 opensource 是指开源版本(即源代码可以在 Qt 网站上下载)，windows 是指开发环境，x86 指开发环境应当运行在 x86 架构的 CPU 上。

### 2. Qt 的安装

Qt 5.14.2 的安装过程与常见的软件安装过程相同。在运行安装程序后，首先会弹出欢迎界面，如图 1.1(a)所示。单击 Next 按钮后会出现登录界面，要求登录 Qt 账户，如图 1.1(b)所示。读者如果没有 Qt 账户，可以直接在这个页面注册。

(a) 欢迎界面　　　　　　　　　　　　　　(b) 登录界面

**图 1.1　联网安装 Qt 时的欢迎界面和登录界面**

如果在运行安装程序前断开计算机的网络连接，可以进入离线安装模式，如图 1.2 所示。此时的欢迎界面与联网时的不同，也不需要登录 Qt 账户。

**图 1.2　断网安装 Qt 时的欢迎界面**

　　本书以断网安装为例。在图 1.2 中单击"下一步"按钮,程序会提示选择安装目录。此处将安装目录设为 D:\Qt\Qt5.14.2,如图 1.3 所示。单击"下一步"按钮便可进入组件选择界面,如图 1.4 所示。

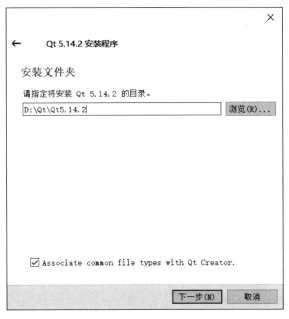

**图 1.3　选择安装目录界面**

图 1.4　组件选择界面

Qt 自带了多种不同用途的组件。在组件选择界面中，这些组件分为 Qt 5.14.2 和 Developer and Designer Tools 两类。其中，Qt 5.14.2 一类是开发库组件，具体含义见表 1.1；另一类是集成开发环境和编译工具。

表 1.1　Qt 开发库组件介绍

| 组　件 | 说　明 |
| --- | --- |
| MSVC* | 适用于 Windows 平台 MSVC 编译器的 Qt 组件（要安装该组件，需要在计算机上安装相应版本的 Visual Studio） |
| MinGW* | 适用于 MinGW 编译器的开发组件，默认勾选（MinGW 是 Minimalist GNU for Windows 的缩写，为 Windows 系统提供了基于 GCC 的开发环境） |
| UWP* | UWP 是 Windows 10 中 Universal Windows Platform 的简称（仅用于开发 UWP 程序） |
| Android | 针对安卓应用开发的 Qt 库 |
| Sources | Qt 源代码 |
| Qt* | Qt 的附加模块（Technology Preview 指模块处在测试阶段，Deprecated 指模块已经不再使用） |

因为本书主要学习 Qt 的基本使用方法，所以在 Qt 5.14.2 这一类选择 MinGW 7.3.0 64-bit，

在 Developer and Designer Tools 这一类选择 Qt Creator 4.11.1 CDB Debugger Support 和 MinGW 7.3.0 64-bit。

选择好组件后,单击"下一步"按钮。在阅读用户协议、选择"开始"菜单快捷方式名称后,Qt 的安装过程正式开始,如图 1.5 所示。如果只选择上面提到的 3 个组件,那么将 Qt 安装到固态硬盘需要两到三分钟时间,占用约 2.6GB 的磁盘空间。

安装结束后,安装程序会自动在"开始"菜单中创建一系列的快捷方式,如图 1.6 所示。单击 Qt 5.14.2 (MinGW 7.3.0 64-bit)可以使用命令行界面启动 Qt 的编译工具。单击 Qt Creator 4.11.1 (Community)可以打开 Qt Creator。图 1.7 是 Windows 平台下 Qt Creator 的主界面。

图 1.5　Qt 的安装进度界面

图 1.6　Windows"开始"菜单中的 Qt 快捷方式

图 1.7　Windows 平台下 Qt Creator 的主界面

### 1.1.3　树莓派平台下 Qt 的安装

Qt 是一个跨硬件平台的开发环境，不仅能在 x86 处理器上运行，还可以在 ARM 处理器上运行。本书以树莓派 4B 为例，介绍 ARM 平台下 Qt 的安装。

目前在树莓派上使用较为广泛的操作系统包括树莓派官方的 Raspberry Pi OS 和 Ubuntu MATE。其中，Ubuntu MATE 随 Ubuntu 迭代更新，功能十分强大。本节以 Ubuntu MATE 系统为例，介绍树莓派平台下 Qt 的安装。读者可以在 Ubuntu MATE 的官网下载系统镜像和烧录工具。

相比于 Windows 平台，在 Ubuntu MATE 下安装 Qt 5 更加简单，只需要依次在命令行终端运行以下命令：

```
sudo apt - get update
sudo apt - get install qt5 - default qtcreator qtmultimedia5 - dev libqt5serialport5 - dev
```

系统会自动判断软件包依赖并进行安装，如图 1.8 所示。因为 TF 卡读写速度较慢，所以安装所用的时间较长。

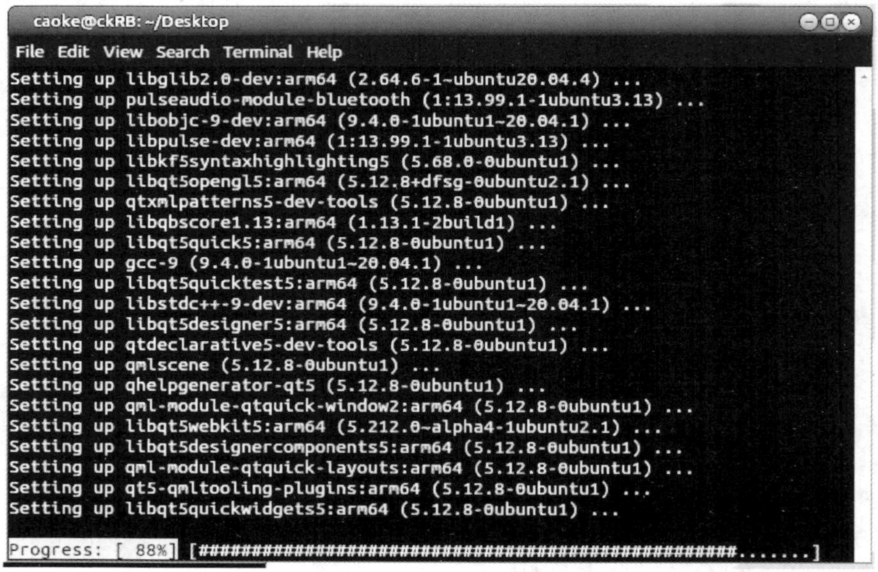

图 1.8　树莓派 4B 在 Ubuntu MATE 系统下通过命令行终端安装 Qt 5

安装完成后，可以在 Ubuntu MATE 主菜单中的 Programming 分类下看到 Qt Creator 及相关工具，如图 1.9 所示。

图 1.10 是 Ubuntu MATE 系统下 Qt Creator 的主界面。该界面的布局和内容与 Windows 下的 Qt Creator 完全相同。这也体现了 Qt 跨平台开发的优势，即在不同平台下都可以使用同一套工具、同一套流程进行开发，从而降低开发人员的学习成本。

图 1.9 Ubuntu MATE 中的 Qt 菜单项

图 1.10 Ubuntu MATE 系统下 Qt Creator 的主界面

由于 Windows 系统更被人们所熟知,所以本书仍以 Windows 平台下的 Qt 开发为例进行讲解。读者可以在积累了一定的经验后,再探索不同平台下的 Qt 开发。

## 1.1.4 Qt Creator 的基本使用

**1. Qt Creator 界面和功能速览**

Qt Creator 作为一款功能强大的 IDE,按照开发流程设置了不同的功能界面,如欢迎界面、编辑界面、设计界面、Debug(调试)界面、项目界面和帮助界面等。这几个界面可以通过 Qt Creator 窗口的左侧工具栏切换,如图 1.11 所示。

图 1.11　Qt Creator 的欢迎界面和界面切换按钮

单击"欢迎"按钮 ，可以切换到如图 1.11 所示的欢迎界面。欢迎界面是 Qt Creator 启动后第一个显示的界面，包含最近使用的项目、新建项目、查看示例等内容。

单击"编辑"按钮，可以切换到如图 1.12 所示的编辑界面。编辑界面主要用于编辑程序代码。在编辑界面中，①是当前项目的所有文件，②是当前项目中已经打开的文件列表，③是代码的编辑区域。

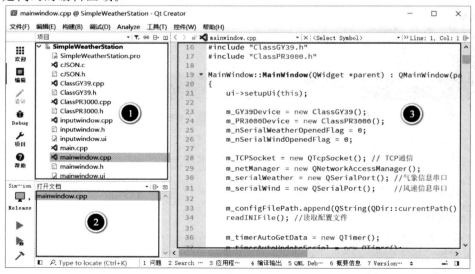

图 1.12　Qt Creator 的编辑界面

单击"设计"按钮 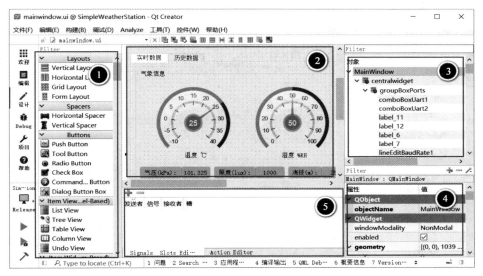 ，或者双击项目文件列表中的 .ui 文件（如 mainwindow.ui），可以打开如图 1.13 所示的设计界面。在设计界面中，可以采用所见即所得的方式设计程序的界面，十分方便。设计界面中①是控件列表；②是程序界面的预览区域；③是程序界面包含的控件列表；④是控件属性；⑤是信号和槽编辑器、动作编辑器等。

**图 1.13 Qt Creator 的设计界面**

单击 Debug 按钮 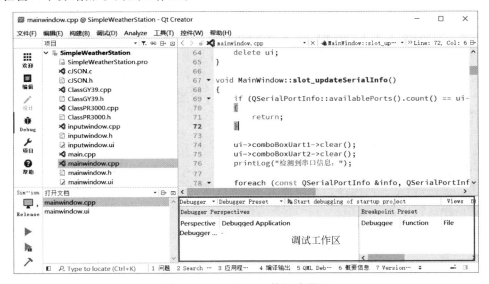 ，可以打开如图 1.14 所示的调试界面。该界面与编辑界面类似，但是在窗口下方增加了调试工作区。

**图 1.14 Qt Creator 的调试界面**

单击"项目"按钮 ⚒️ ，可以打开如图1.15所示的项目设置界面。作为初学者，一般不需要改动项目的默认参数设置。但是此处建议关闭Shadow build功能。使用该功能可以将源代码和编译结果分别存放在不同的文件夹下。但是这一功能有时会导致一些莫名的问题，例如代码已经修改了，但是编译结果不更新。关闭这一功能，可以解决大多数类似的问题。

图1.15  Qt Creator 的项目界面和 Shadow build 选项

单击"帮助"按钮 ❓ ，可以打开如图1.16所示的帮助界面。Qt的帮助文档非常细致，详细说明了Qt内部各个类的来源、构成、功能等。通过查询帮助文档，可以了解Qt内部的运行原理。例如，要了解QSerialPort类（即Qt实现串行通信的类，将在第5章讲解）提供了哪些成员函数、成员变量和信号，只要在帮助界面左上角的搜索框（即图1.16中的①）中输入QSerialPort，然后在下方的列表中选择QSerialPort项目（即图1.16中的②）。

Qt Creator界面的左下角是一组编译控制按钮，如图1.16所示。通过这4个按钮可以调整编译设置，也可以进入调试状态。

（1）Debug/Release按钮 🖥️ 。通过该按钮可以在Debug（调试）和Release（发布）两种状态下切换。编译器在生成Debug版本的程序时会加入调试辅助信息且不做优化，从而方便开发人员进行调试。而编译器在生成Release版本的程序时会删除调试信息并进行多种优化，从而提高程序执行效率。

（2）"运行"按钮 ▶️ 。单击该按钮可以编译并运行程序。

（3）"调试"按钮 ▶️ 。在Debug状态下，单击该按钮可以让当前程序进入到调试状态。如果处于Release状态，那么单击该按钮只能编译并运行程序，不能进入Debug状态。

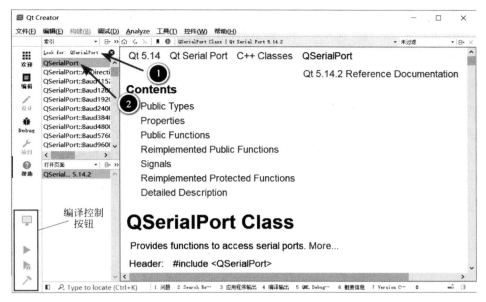

图 1.16　Qt Creator 的帮助界面和使用方法示例

（4）"构建"按钮 $\boxed{\nearrow}$ 。单击该按钮可以编译当前程序。

**2. 创建一个新项目**

在学习了 Qt Creator 的界面和基本功能后，下面用使用 Qt 的新建项目向导来新建一个 Qt 项目。

首先，打开 Qt Creator 的"文件"菜单，选择"新建文件或项目"命令，弹出"新建项目"对话框，如图 1.17 所示。

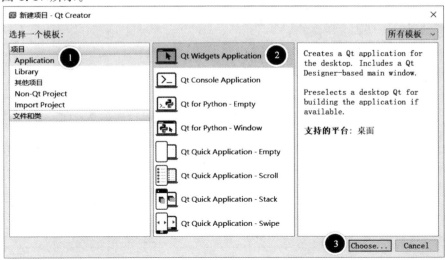

图 1.17　Qt Creator 的"新建项目"对话框

在该对话框的第一列可以选择要新建的内容，如 Qt 程序（Application）、库（Library）等。Qt Creator 除了可以开发 Qt 程序外，也可以作为普通的 C/C++ IDE 开发 C/C++ 程序。如果要开发 C/C++ 程序，那么只要在 Non-Qt Project 分类中选择 C/C++ 即可。

因为希望新建一个 Qt 项目，所以在对话框的第一列选中 Application（图 1.17 中的①），在第二列选中 Qt Widgets Application（图 1.17 中的②），即有图形界面的应用程序。如果选择 Qt Console Application 则会创建一个不带图形界面的命令行程序。单击 Choose 按钮（图 1.17 中的③）即可开始新建项目。如图 1.18 所示，本例的项目名称为 Prj_Demo，路径为 D:\Qt_Prj。安装程序会自动创建项目文件夹 D:\Qt_Prj，并把项目文件放到该文件夹中。

图 1.18　项目位置信息设置界面

在后续的各个界面中，可以修改或查看项目的构建方式（见图 1.19）、类信息（见图 1.20）、多语言支持信息（见图 1.21）、编译套件设置（见图 1.22）、项目信息汇总（见图 1.23）等。在本例中，这些选项均保持默认值。这样就创建了一个 Qt 项目。

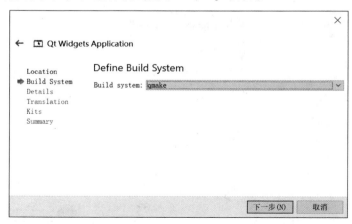

图 1.19　构建方式设置界面

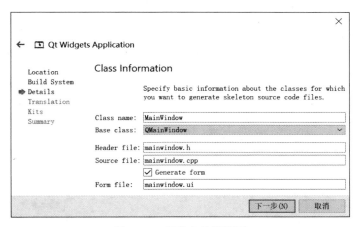

**图1.20 类信息设置界面**

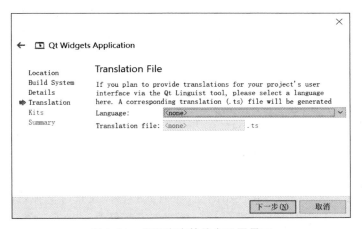

**图1.21 多语言支持信息设置界面**

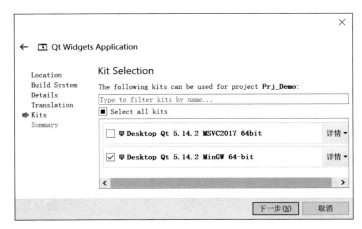

**图1.22 编译套件设置界面**

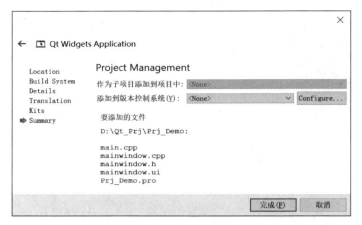

**图 1.23　项目信息汇总界面**

在上述新建项目的过程中，需要注意的是如图 1.20 所示的类信息设置界面。在这个页面中，可以选择项目主窗口类的基类，并设置主窗口类的名称。主窗口类的基类有 3 种，分别是 QMainWindow、QWidget、QDialog。其中，QMainWindow 是功能最全面的窗口，带有菜单、工具栏、状态栏等；QWidget 是一个空白的窗口，不带菜单、工具栏、状态栏等；QDialog 是简单的对话框，常用于短期任务。本书默认使用 QMainWindow 类作为基类。此时主窗口类的类名默认为 MainWindow。

**图 1.24　新建项目的文件列表**

图 1.24 是新建项目 Prj_Demo 的文件列表。其中各个文件的含义如下。

（1）Prj_Demo.pro 是项目的配置文件，其中保存了项目使用的模块、项目的具体设置等。在后面的学习中，会根据需要对 .pro 文件进行修改。对于一个 Qt 工程（如本书配套示例代码中的工程），可以双击 .pro 文件打开。

（2）main.cpp 是整个程序的入口，含有主函数 main()。主函数 main() 会创建一个主窗口类的对象并运行，从而显示程序界面。

（3）mainwindow.cpp 是主窗口类的实现。

（4）mainwindow.h 是主窗口类的定义。

（5）mainwindow.ui 是主窗口的界面描述文件，定义了窗口上的所有控件的布局、属性等。

**3. 运行程序**

作为例子，此处为主窗口添加一个按钮控件并运行。首先双击文件列表中的 mainwindow.ui，进入界面编辑状态。然后将控件区的 Push Button（即按钮控件）拖放到主窗口的空白处，如图 1.25(a) 所示。最后单击 Qt Creator 左下角的运行按钮即可运行程序。程序的运行结果如图 1.25(b) 所示。

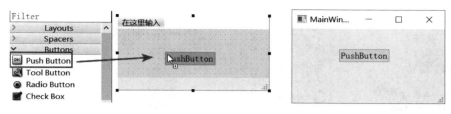

(a) 为主窗口添加一个按钮控件　　　　(b) 程序的运行结果

**图 1.25　将按钮控件放置在主窗口中并运行程序**

#### 4. 清除和重新构建功能

Qt Creator 还提供了两个重要的辅助功能：清除和重新构建。清除是指删除目前已有的编译结果。重新构建是指在清除的基础上重新编译程序。这两个功能均位于项目文件列表的右键快捷菜单中，可以通过右击项目名称找到，如图 1.26 所示。

**图 1.26　清除和重新构建功能的位置**

在编写 Qt 程序时，有时可能会出现一些莫名其妙的问题，比如修改了代码但是编译结果却不更新，又或者原本能够运行的代码一段时间后无法通过编译等。倘若遇到类似问题，除了关闭 Shadow build 功能外，还可以尝试清除并重新构建项目。

## 1.2　配套气象站硬件介绍

视频讲解

### 1.2.1　气象站使用的硬件传感器

气象站是用来监测气象数据和环境数据的设备。常见的气象站不但可以测量温度、湿度、大气压强、风速、风向等气象信息，还能测量光照强度、紫外线辐射强度、日照时间等信息。本书配套的气象站硬件使用了 GY-39 气象信息模块和 PR-3000 风速风向模块进行气象信息采集。

#### 1. GY-39 气象信息模块

GY-39 是一款低成本的气象信息模块，具有体积小、功耗低的特点，可以测量气压、温度、湿度、光照强度、海拔高度等信息。图 1.27 是 GY-39 气象信息模块的照片。使用时只需要连接 UCC、CT、DR、GND 这 4 个引脚便可以通过 UART 接口进行通信，十分方便。

#### 2. PR-3000 风速风向模块

PR-3000 风速风向模块由风速模块和风向模块两部分构成，使用 RS485 接口和 Modbus 协议进行通信。如图 1.28 所示，因为这两个模块在测量时需要转动，所以必须固定在水平面上。

(a) 模块正面

(b) 模块反面

**图 1.27　GY-39 气象信息模块实物照片**

(a) 风速模块

(b) 风向模块

**图 1.28　PR-3000 风速风向模块实物照片**

## 1.2.2　气象站配套电路板

本书采用的 GY-39 气象信息模块和 PR-3000 风速风向模块接口和供电电压均不同，如果直接使用的话，电路连接略显烦琐。为了降低学习难度，作者制作了配套的气象站电路板。该电路板分为 USB 转接板（见图 1.29）和气象站底板（见图 1.30）两个部分。

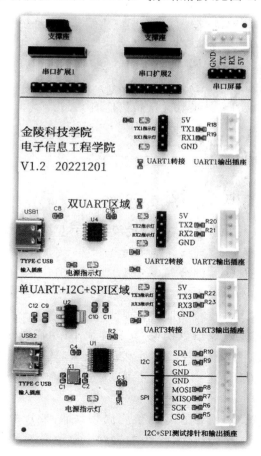

**图 1.29　USB 转接板照片**

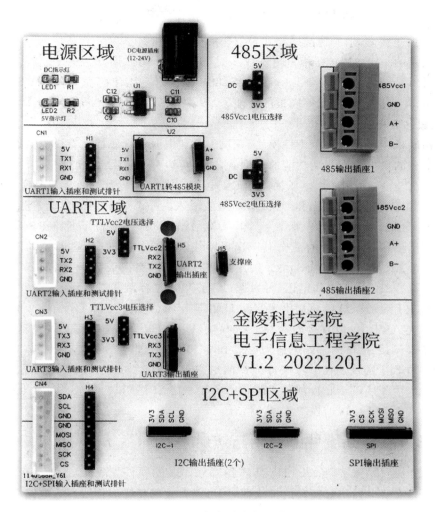

**图 1.30 气象站底板照片**

**1. USB 转接板**

USB 转接板用于将计算机的 USB 接口转换为 UART、I2C、SPI 接口,从功能上看类似于常用的 USB 转串口模块。USB 转接板按照功能可以分为 3 个区域。

(1) 双 UART 区域。通过 USB 转串口芯片实现 USB 和 UART 接口的转换。目前常用的 USB 转串口芯片有 CH340、PL2303、CP2102 等。本书使用了国内沁恒公司出品的 CH342 芯片,实现了一路 USB 转两路串口。转换出来的串口可以直接连接到底板的 485 区域和 UART 区域。

(2) 单 UART+I2C+SPI 区域。通过沁恒公司出品的 CH347 芯片将一路 USB 同时转换为 UART、I2C、SPI 三种接口。这样不但可以为底板提供第三路 UART 接口,还可以提供 I2C、SPI 等接口。

（3）扩展区。可以接入串口屏幕和各种串口模块，如串口蓝牙、串口 Wi-Fi 等。使用时只需用杜邦线连接 UART 转接插座和串口扩展插座即可。

需要注意的是，USB 转接板是可选的。对于初学者，可以用普通的 USB 转串口模块替代 USB 转接板。在这种情况下，底板的 I2C 和 SPI 接口不能使用。只有将 USB 转接板配合底板使用，才可以完整地发挥底板的功能。

**2. 气象站底板**

气象站底板用于连接各个硬件模块、调试工具和电源等。底板上有供电状态指示灯，可以指示各部分的供电状态。从功能的角度看，底板可以分为以下几个区域。

（1）电源区域。提供 DC 电压输入和 DC 电压转换功能。为了便于观察底板的工作状态，还设置了 DC、5V 电源状态指示灯。DC 电压输入由外部 12～24V 直流电源提供。

（2）485 区域。该区域可以插入一个串口转 485 模块，并预留了两路 RS485 接线端子和配套的测试接口、485 外设的工作电压选择跳线等。在使用时，通过左侧的 CN1 接口输入串口信号 UART1，风速风向模块分别连接到右侧的两路接线端子。本书采用的风速风向模块需要选择 DC 作为工作电压，可以通过工作电压选择跳线进行设置。

（3）UART 区域。该区域提供了两路 UART 接口（UART2 和 UART3）和相应的测试接口。其中，UART2 可以直接插入 GY-39 模块，UART3 可以连接其他串口模块作为功能扩展。两路 UART 接口的工作电压均可根据设备需求通过跳线设置为 5V 或 3.3V。

（4）I2C＋SPI 区域。在学习硬件知识的道路上，UART 只是一个起点，后续还可以继续学习 I2C、SPI 等接口。底板预留了两路 I2C 和一路 SPI 接口。本书的 GitHub 仓库中也推荐了一些 I2C、SPI 接口的模块。

## 1.2.3  气象站硬件的使用方法

图 1.31 是连接好的气象站硬件，具体各编号代表的硬件见表 1.2。底板和 USB 转接板在连接时只需要对插防呆接口的排线即可，可以有效避免错误接线导致电路板烧坏。

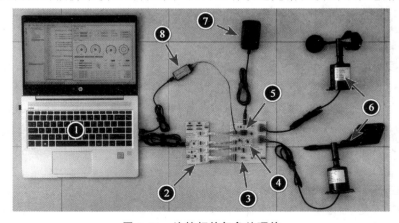

**图 1.31  连接好的气象站硬件**

表 1.2 气象站硬件各部分说明

| 编号 | 说明 |
|---|---|
| ① | 运行简易气象站程序的 PC |
| ② | USB 转接板。通过 USB-A 至 USB Type-C 数据线与 PC 相连 |
| ③ | 气象站底板。底板和转接板之间通过排线和防呆接口相连 |
| ④ | GY-39 气象信息模块,通过排针固定在底板上 |
| ⑤ | UART 转 485 模块,通过排针固定在底板上 |
| ⑥ | PR-3000 风速风向模块,通过插针固定在接线端子上 |
| ⑦ | 直流电源。为气象站系统提供 24V(或 12V)直流供电,使用时务必注意用电安全 |
| ⑧ | 逻辑分析仪。一端通过 USB 连接 PC,另一端通过杜邦线连接调试插针。可用于捕捉和分析硬件接口的通信波形 |

底板和 USB 转接板的具体使用方法如下:

(1) 在底板上通过跳线设置合适的工作电压(GY-39 模块为 5V,PR-3000 风速风向模块为 DC)。

(2) 按照底板上的丝印文字插入串口转 RS485 模块、GY-39 模块,根据线色和丝印文字连接 PR-3000 风速风向模块。

(3) 使用排线连接底板和 USB 转接板。

(4) 将底板和外部直流电源适配器连接,确保底板上的 DC 指示灯点亮。

(5) 通过 USB Type-C 数据线将 PC 和 USB 转接板连接起来,确保底板上的 5V 指示灯和 DC 指示灯点亮。

通过以上 5 步就完成了底板和 USB 转接板的连接,此时气象站硬件就进入了工作状态。

# 1.3 本章小结

本章介绍了 Qt 的安装、使用方法,同时介绍了气象站电路板的结构、功能和使用方法。读者可以按照本书的介绍完成 Qt 开发环境的搭建,了解 Qt Creator 的使用方法。也可以试着为 Visual Studio 安装 Qt for Visual Studio Tools 插件并学习基本使用方法。

# 扩展阅读:扎根江苏、服务全球的南京沁恒

南京沁恒微电子股份有限公司(简称南京沁恒)是一家集成电路设计公司,成立于 2004 年,位于江苏省南京市。自公司成立以来,始终以技术为导向,专注于物联网领域的连接和控制方面的芯片设计,以及应用技术的研究和创新,致力于为客户提供万物互联、上下互通的芯片及解决方案。目前,该公司已经是国内隔离卡、单向导入产品及方案的核心供应商,产品市场占有率超过 90%,USB 系列产品累计出货量超亿颗。

南京沁恒的产品定位为专业、易用。主要产品包括有线网络、无线网络、USB 和 PCI 类

接口芯片，以及集成上述接口的单片机，在技术上涉及模拟检测、智能控制 MCU、人机交互、网络通信、接口通信、数据安全、物联协议，提供"感知＋控制＋连接＋云聚"的解决方案。主要应用领域包括工业控制、物联网、信息安全、计算机/手机周边等。

　　南京沁恒的优势在于软件和硬件之间的无缝连接和协作、相互渗透和转化，并以此提供专业及高性价比的应用方案。经过多年的深耕，已向客户提供了百款产品及技术方案，全球已有 1.2 万家公司采用南京沁恒的芯片来设计自己的电子产品，每年至少有超亿台设备通过南京沁恒的产品建立连接。

# 第2章
## CHAPTER 2

# 串行通信原理和硬件模块的使用

硬件的通信是指两个设备之间的数据传输,可以分为并行通信和串行通信。并行通信一般通过8、16、32等多条数据线同时传输数据,具有传输速率快的特点。串行通信通过少量的数据线,按固定的顺序一组一组地传输数据。串行通信需要的数据线少,特别适合远距离数据传输。UART(Universal Asynchronous Receiver Transmitter,通用异步收发器)是一种典型的串行通信接口,广泛用于设备之间的通信,属于双向通信,可以实现全双工传输。RS485是在UART的基础上发展而来的一种接口,属于半双工通信,采用差分信号,能够实现远距离的高速通信。

## 2.1 UART 接口简介

视频讲解

串行通信具有成本低、抗干扰能力强等优点,已成为主流的通信方式。串行通信可以分为同步串行通信和异步串行通信。同步串行通信通过一个独立的时钟信号(同步信号)来使发送方和接收方同步。时钟信号一般由发送方提供,接收方根据时钟信号的变化读取数据。在日常生活中用得最多的串行通信是USB(Universal Serial Bus,通用串行总线)。异步串行通信无须时钟信号,在发送或接收数据之前,收发双方需要约定好通信的速率。UART是一种异步串行通信接口。

### 2.1.1 UART 串行通信原理

**1. UART 的帧结构**

在计算机和通信领域,帧(Frame)是一个常见的概念,通常指一组按照一定格式要求组织起来的数据。在计算机通信过程中,数据要严格按照格式要求组成帧后再传送,UART也不例外。

UART的一个帧由4部分组成,分别为起始位、数据位、校验位和停止位。起始位用于通知接收方准备接收数据;数据位是需要发送的数据内容;校验位用来验证接收到的数据是否正确;停止位用于通知接收方数据传输结束。除此之外,UART还使用了空闲位这一概念。空闲位并不是帧的组成部分,但是可以填充帧与帧之间的空白。图2.1是不带空闲位的 UART 数据帧。在这种情况下，前一帧的停止位和后一帧的起始位是紧邻的。

图 2.1　不带空闲位的 UART 数据帧

图 2.2 是带空闲位的 UART 数据帧。在这种情况下，前一帧的停止位和后一帧的起始位之间存在一定时间间隔，也就是空闲位。空闲位总是高电平，也就是逻辑 1。

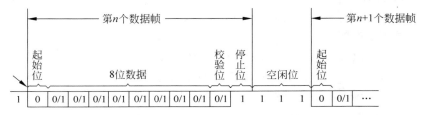

图 2.2　带空闲位的 UART 数据帧

**2. UART 的主要参数**

（1）波特率（Baud Rate）。异步串行通信没有时钟信号，需要收发双方事先约定好传输速率，也就是波特率。在使用二进制调制的通信系统中，波特率常用每秒传输的数据位数来表示，单位是 bps（Bit Per Second，位/秒）。波特率的取值可以是任意值，只要收发双方统一即可。但是在实际的通信中，一些波特率数值较为常用，如 4800bps、9600bps、115 200bps、921 600bps 等。波特率越高，单位时间内能够传输的信息就越多。

（2）起始位（Start Bit）。起始位表示数据开始传输，由一个逻辑 0 构成。当不传输信息时，应保持数据线的电平为逻辑 1。

（3）数据位（Data Bit）。在起始位之后紧接着的是要发送的数据内容，也就是数据位。数据位的长度可以是 5 位、6 位、7 位或 8 位。其中常用的长度是 8 位。需要注意的是，串行通信接口在发送数据位时，先发送数据的低位，再发送数据的高位。例如，对于数据 1000 0001B，发送方先发送最低位的 1，再发送次低位的 0，……，最后发送最高位的 1。接收方先接收最低位的 1，再接收次低位的 0，……，最后接收到最高位的 1。

（4）校验位（Parity Bit）。在数据位之后可以放置一个可选的校验位。串行通信容易受到外部干扰而出现错误。通过校验位可以对数据正确性进行检验。常用的校验方法有奇校验（Odd）、偶校验（Even）、0 校验（Space）、1 校验（Mark）和无校验（Noparity）。

• 奇校验要求数据位和校验位中逻辑 1 的总数为奇数。例如，数据 0110 1001 中共有

4个逻辑1。为了进行奇校验,需要将校验位设置为逻辑1,从而凑成奇数个逻辑1。

- 偶校验与奇校验要求刚好相反,要求数据位和校验位中逻辑1的个数为偶数。例如,数据0110 1001中共有4个逻辑1。为了进行偶校验,需要将校验位设为逻辑0,从而凑成偶数个逻辑1。
- 0校验指无论数据位中1的个数是多少,校验位总是逻辑0。
- 1校验指无论数据位中1的个数是多少,校验位总是逻辑1。
- 无校验是指数据帧中不包含校验位。

(5)停止位(Stop Bit)。停止位表示数据传输结束,也提示对方为下一次数据传输做准备。停止位是逻辑1,其长度可以是1位、1.5位或2位。

**3. UART 波形示例**

在使用UART接口通信时,可以使用逻辑分析仪或示波器截取通信的波形。图2.3是使用UART接口发送一帧数据时的波形示意图。从波形的提示信息可知,每一个比特持续的时间为10ms,因而波特率为100bps。这一帧数据由起始位、数据位(长度为8比特)、停止位构成,没有校验位。按照从左向右的顺序看,数据位的内容为1100 0110。由于UART通信时先发送低位,后发送高位,因此数据位最先发送的1(即起始位后面紧跟着的1)反而是原始数据的最低位;数据位最后发送的0(即停止位前面的0)反而是原始数据的最高位。因此原始数据为0110 0011B,即0x63。

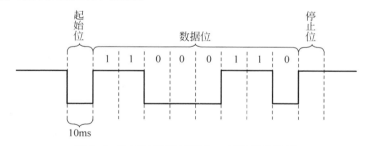

**图 2.3　UART 通信过程中一帧数据的波形**

## 2.1.2　USB 转串口模块的使用

串行通信设备之间的连接可以采用三线制连接,即两条数据线和一条地线。两条数据线中,一条数据线用于接收数据,常用英文 RX、Rx 或 RXD 表示;另一条数据线用于发送数据,常用英文 TX、Tx 或 TXD 表示。使用 UART 接口的设备在进行电路连接时,连线方式如图2.4所示。在保持两个设备共地的情况下,设备1的 TX 引脚连接设备2的 RX 引脚,设备1的 RX 引脚连接设备2的 TX 引脚。这种连线方式就像两个人在交谈时,一方通过嘴说话,另一方通过耳朵听一样。

在调试硬件时,常常使用 PC 直接控制 UART 接口的硬件。这时需要使用 USB 转串口模块进行中转,从而将 USB 接口信号转换为 UART 接口的 TTL 信号。在这种情况下,电路连接如图2.5所示。

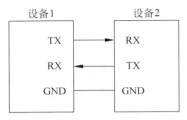

图 2.4　UART 硬件之间的电路连接

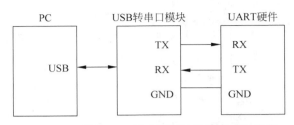

图 2.5　PC 通过 USB 转串口模块连接 UART 硬件

在学习本书内容的过程中，既可以使用配套的 USB 转接板进行信号转换，也可以使用其他 USB 转串口模块。图 2.6 是市面上一款常见的 USB 转串口模块。该模块使用 CH342 芯片实现了一路 USB 转两路串口的功能。将其插入到 PC 后，可以在设备管理器中查看到两个 COM 口，如图 2.7 所示，每一个 COM 口都与一路串口相对应。

图 2.6　基于 CH342 芯片的 USB
转串口模块

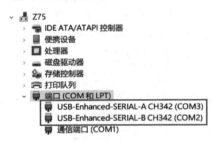

图 2.7　在设备管理器中查看 USB
转串口模块的 COM 号

### 2.1.3　串口调试助手的使用

串口调试助手是一类辅助 PC 进行串口调试的工具软件。常用的串口调试助手有 XCOM、SSCOM、野火多功能调试助手等。这些软件不但可以自动识别 PC 中的串口，还可以设置串口通信的参数、数据发送和数据显示的格式。本书使用的串口调试助手软件是 XCOM V2.0（见配套工具和资料包）。XCOM 软件的界面可以大致分为①串口控制区、②发送控制区、③接收控制区 3 个部分，如图 2.8 所示。

（1）串口控制区。用于控制串口的工作方式，包括设定 COM 号、波特率、停止位长度、数据位长度、奇偶校验类型等。这部分信息应当根据硬件模块的工作参数选择。在设置好这些信息后，单击"打开串口"按钮。若图标变成红色，则代表串口成功打开。

（2）发送控制区。用于控制发送数据的参数。在这一部分中，定时发送、十六进制发送、发送新行 3 个参数较为常用。定时发送指按照一定的周期（默认为 1000ms，可修改）自动重复发送数据。"十六进制发送"则允许用户选择数据的发送格式。例如，要发送的数据为 41，若使用十六进制发送，则会将数据理解为 0x41 并进行发送；若不使用十六进制发送，则会将数据理解为 0x34 0x31（即 4 和 1 的 ASCII 码）并进行发送。发送新行指在数据后面多发送一个 '\r\n'（即回车符、换行符）。

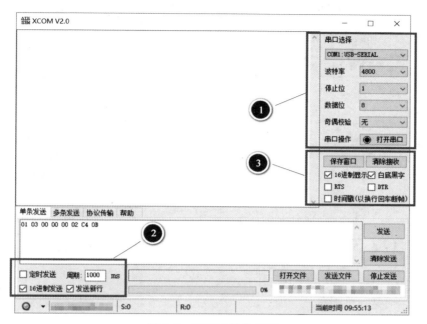

图 2.8 XCOM 软件界面

（3）接收控制区。用于控制接收到的数据的显示格式和流控制方式等。其中常用的"16 进制显示"与"16 进制发送"含义相同,此处不再赘述。

## 2.1.4 串口数据的自发自收

下面通过一个串口数据自发自收的例子来介绍 USB 转串口模块和串口调试助手的联合使用。本例采用了如图 2.6 所示的 USB 转串口模块进行演示。读者也可以使用本书配套的 USB 转接板完成本实验。

所谓数据的自发自收,就是通过串口实现自己发送数据、自己接收数据。要实现这样的功能,只要将 USB 转串口模块的 TX 引脚和 RX 引脚短接,如图 2.9 所示。然后在 XCOM 中选择 COM 号、设置波特率并打开串口,如图 2.10 所示。由于是自发自收,发送方和接收方的波特率总是一致的,所以波特率可以自由选择。

图 2.9 使用杜邦线短接 USB 转串口模块的 TX 和 RX 端　　图 2.10 XCOM 软件的选项设置

图 2.11 给出了串口数据自发自收的测试结果。发送区的数据会转换为电信号从 TX 引脚发出，沿着杜邦线返回 RX 引脚，随后显示在接收数据显示区。

(a) 数据发送界面                (b) 数据接收界面

**图 2.11　通过 USB 转串口模块实现数据自发自收**

视频讲解

# ▙ 2.2　GY-39 气象信息模块的原理和使用　◆

## 2.2.1　模块介绍

GY-39 气象信息模块可以测量气压、温度、湿度、光照强度、海拔高度等多种气象信息。模块内部的芯片可以将采集的气象数据进行处理，直接输出结果。表 2.1 给出了模块的主要参数和测量范围。该模块有 UART 和 I2C 两种数据输出方式。默认的输出方式是 UART。

**表 2.1　GY-39 模块的主要参数**

| 名　　　称 | 参　　　数 |
| --- | --- |
| 温度测量范围 | $-40\sim85℃$ |
| 湿度测量范围 | $0\%\sim100\%RH$ |
| 光照强度测量范围 | $0.045lux\sim188\ 000lux$ |
| 气压测量范围 | $30\ \sim110kPa$ |
| 响应频率 | $10Hz$ |
| 工作电压 | $3\sim5V$ |
| 工作电流 | $5mA$ |
| 尺寸 | $24.3mm\times26.7mm$ |

当 GY-39 模块工作在 UART 方式时，支持 9600bps 与 115 200bps 两种波特率。默认波特率为 9600bps，用户可以通过指令进行切换。模块有连续、询问两种测量方式，默认为连续测量。在这种方式下，模块会以 1Hz 的频率自动测量并输出结果。

GY-39 模块共有 12 个引脚，而在 UART 模式下仅需使用 VCC、CT、DR 和 GND 这 4 个引脚便可正常工作（剩余 8 个引脚悬空）。表 2.2 给出了这 4 个引脚的功能和连接方法。

表 2.2　GY-39 模块引脚的功能和连接方法

| GY-39 模块的引脚 | 引脚的功能 | 连接至 USB 转串口模块的引脚 |
|---|---|---|
| VCC | 电源(3～5V) | VCC |
| CT | UART_TX/I2C_SCL | RX |
| DR | UART_RX/I2C_SDA | TX |
| GND | 接地 | GND |

## 2.2.2　数据包结构

GY-39 模块在工作时会发送两种数据包。本书分别将之称为光照强度数据包(只包含光照强度数据)和气象信息数据包(包括温度、气压、湿度、海拔高度数据)。这两种数据包均有包头、包类型、数据量、数据、校验和 5 部分,如图 2.12 所示。

| 含义 | 包头标志 | 包类型标志 | 数据量 | 数据 | 校验和 |
|---|---|---|---|---|---|
| 字节数 | 2字节 | 1字节 | 1字节 | 4字节或10字节 | 1字节 |
| 取值 | 0x5A 0x5A | 光照强度数据包:0x15<br>气象信息数据包:0x45 | 光照强度数据包:0x04<br>气象信息数据包:0x0A | 实际测量结果 | 实际校验结果 |

图 2.12　GY-39 模块的数据包结构示意图

下面是一个光照强度数据包的例子(数值均为十六进制数):

```
5A 5A 15 04 00 00 FE 40 0B
```

其中,5A 5A 为包头标志,15 为包类型标志(光照强度数据包),04 为数据长度(即数据共 4 字节),00 00 FE 40 为数据,0B 为校验和。

下面是一个气象信息数据包的例子(数值均为十六进制数):

```
5A 5A 45 0A 0B 2D 00 97 C4 3F 12 77 00 9C FA
```

其中,5A 5A 为包头标志,45 为包类型标志(气象信息数据包),0A 为数据长度(即数据共 10 字节),0B 2D 00 97 C4 3F 12 77 00 9C 为数据,FA 为校验和。

虽然 GY-39 模块将光照强度信息和气象信息分为两个数据包,但是这两个数据包是成对发送的。下面将这两个数据包合称为一组数据。每组数据的长度为 24 字节。图 2.13 给出了一组数据中每个字节的含义。其中第 0～8 字节为光照强度数据包,第 9～23 字节为气象信息数据包。

在 GY-39 模块的测量结果中,不同类型的数据有着不同的精度。例如,海拔高度(单位为 m)的测量结果仅保留整数,因此在传输时只需要将整数转换为对应的二进制数即可。例如,海拔高度的测量结果为 8000m,对应的二进制数为 0001 1111 0100 0000B。其中 0001 1111 为海拔高度数据的高 8 位,0100 0000 为海拔高度数据的低 8 位。

| 字节序号 | 0 | 1 | 2 | 3 | 4 | 5 |
|---|---|---|---|---|---|---|
| 含义 | 数据包1的包头 | | 包类型：光照强度 | 数据量：4字节 | 光照强度前高8位、前低8位 | |
| 字节序号 | 6 | 7 | 8 | 9 | 10 | 11 |
| 含义 | 光照强度后高8位、后低8位 | | 数据包1的校验和 | 数据包2的包头 | | 包类型：气象信息 |
| 字节序号 | 12 | 13 | 14 | 15 | 16 | 17 |
| 含义 | 数据量：10字节 | 温度高8位、低8位 | | 气压前高8位、前低8位、后高8位 | | |
| 字节序号 | 18 | 19 | 20 | 21 | 22 | 23 |
| 含义 | 气压后低8位 | 湿度高8位、低8位 | | 海拔高度高8位、低8位 | | 数据包2的校验和 |

图 2.13　GY-39 模块一组测量数据的含义

温度（单位为℃）和湿度（单位为％RH）的测量结果则保留到小数点后两位。模块在传输这些数据时，会先将数值扩大一百倍，然后再转换为对应的二进制数。例如，温度的测量结果为 25.00℃，扩大 100 倍后是 2500，转换为二进制数为 0000 1001 1100 0100B，即温度的高 8 位为 0000 1001，低 8 位为 1100 0100。

需要注意的是，光照强度、气压、湿度的测量结果总是非负的，但是温度和海拔高度的测量结果有可能是负的。模块会使用补码来表示负数的结果。

## 2.2.3　使用逻辑分析仪捕获 UART 通信波形

### 1. 逻辑分析仪简介

逻辑分析仪是一种能将被测数字信号转换为逻辑 0 或逻辑 1，再对信号时序进行分析的仪器。逻辑分析仪不仅支持多种触发条件，还能对常见协议的数据进行分析，非常适合对数字通信过程和复杂协议进行分析。使用逻辑分析仪可以迅速地读取通信数据和波形，使开发人员能够按照协议分析、排查软硬件中的错误。

逻辑分析仪在工作时，首先将被测信号以并行的形式送入比较器，然后在比较器中比较被测信号与设定的门限。大于门限的信号输出高电平信号，反之输出低电平信号。接着对输出的高/低电平信号进行比较整形并送入采样器采样。采样得到的信号按顺序存入存储器后，根据显示命令逐一读取存储在存储器中的信号并显示。此外，逻辑分析仪还可以按照不同的协议解析显示的波形，直接得到通信的数据，大大增强了程序调试时的便利性。

本书所用的简易逻辑分析仪如图 2.14 所示，配套的逻辑分析软件界面如图 2.15 所示（该软件的安装程序见本书的配套工具和资料包）。

图 2.14　逻辑分析仪实物图

**图 2.15　逻辑分析软件界面**

**2. 逻辑分析仪的主要参数**

（1）采样频率。在确定采样频率前需要先确定待测信号的频率。本书采用的逻辑分析仪的最高采样频率是 24MHz。根据奈奎斯特采样定律，可以无失真地还原 12MHz 以下的信号。但在实际使用中，为了保证测量的精度，建议逻辑分析仪的采样频率是被测信号频率的 4 倍或更高。

（2）存储深度。对逻辑分析仪而言，存储深度决定了固定采样频率下所能捕获波形的时间长度。存储深度越大，在固定采样频率下能捕获到更长时间的波形，这有利于分析低概率偶发异常问题。

（3）触发条件。启动逻辑分析仪后，将开始实时监测输入信号，只有在满足一定触发条件时，逻辑分析仪才会捕获信号的波形，这与示波器非常类似。逻辑分析仪有上升沿、下降沿、高电平和低电平 4 种触发方式。

**3. 逻辑分析仪的使用方法**

本书使用的逻辑分析仪有 8 个通道（Channel 0～Channel 7），可以同时监测 8 路信号。在配套软件中，每个通道都有一个设置按钮 ⚙ 。通过该按钮可以设置对应通道的显示比例，也可以控制通道的隐藏和显示。将逻辑分析仪的通道和串口的信号线连接起来，同时接好地线，就可以设置逻辑分析仪的相关参数了。

（1）设置采样速率（Speed）和采样时间（Duration）。如图 2.16 所示，单击①指示的调整按钮，打开设置界面。设置采样速率为 2MS/s（②），采样时间为 2s（③）。

（2）选择通信协议。如图 2.17 所示，单击软件界面右侧 Analyzers 选项后的"＋"按钮

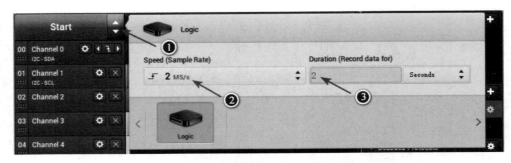

**图 2.16　设置采样速率和采样时间**

（①），在弹出的菜单中选择通信协议 Async Serial（②）。

（3）设置触发条件。逻辑分析仪默认是不设置触发条件。要设置触发条件，可以按照图 2.18 所示的步骤进行设置。首先单击 ⊢ᒤ 按钮（①），弹出触发方式选择面板（②）。面板中的 4 种触发方式依次为上升沿触发、下降沿触发、高电平触发、低电平触发。使用时根据需要选择其中的一种即可。在本例中，选择下降沿触发。

**图 2.17　通信协议的选择**

**图 2.18　触发条件的设置**

### 4. 捕获 GY-39 模块的波形

在了解了逻辑分析仪的使用方法后，下面使用逻辑分析仪捕获 GY-39 模块通信的波形，具体过程如下：

（1）连线。如图 2.19 所示，将 GY-39 模块的 TX 引脚连接逻辑分析仪通道 0，PC 和逻辑分析仪通过 USB 数据线相连，同时确保三者共地。

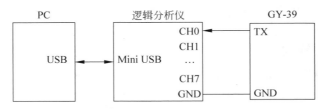

**图 2.19　使用逻辑分析仪捕获 GY-39 模块通信波形的连线方法**

（2）逻辑分析仪设置。设置采样频率为 2MS/s，采样时间为 2s。将通道 0 的名称设置为 UART_TX。将通道触发方式设置为下降沿触发。在界面右侧 Analyzers 部分添加通信协议 Async Serial，并将波特率设置为 9600，其余设置保持不变，如图 2.20 所示。

如图 2.21 所示,单击 Async Serial 右侧齿轮图标(①),将数据的显示方式设置为 Hex (②)。

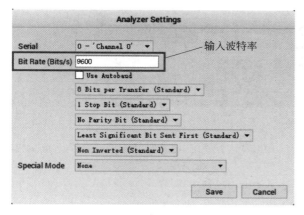 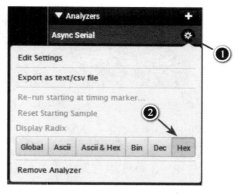

图 2.20　逻辑分析仪设置　　　　　图 2.21　以十六进制显示数据

(3) 单击程序界面左上角的 Start 按钮,逻辑分析仪将自动采集并显示波形,如图 2.22 所示。由于数据量较多,波形过于紧密。图 2.23 给出了放大后的波形。图 2.23 中显示了光照强度数据包的包头(2 字节)和包类型(1 字节)共 3 字节的内容。其中每个字节均按照 UART 的帧结构进行发送,都具有起始位、数据位和停止位。图中的白色圆点代表一帧数据中数据位的位置。

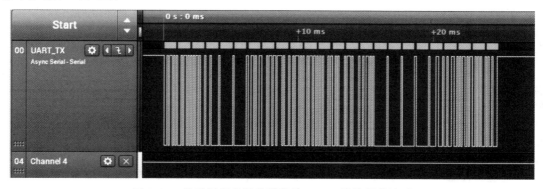

图 2.22　使用逻辑分析仪捕获的 GY-39 模块通信波形

## 2.2.4　使用 PC 读取硬件测量数据

在初次接触一个硬件模块时,可以使用 PC 通过 USB 转串口模块直接对其进行操作,从而摸清硬件模块的"脾气"。这对后续的开发工作是非常有益的。下面讲解如何用 PC 直接读取 GY-39 模块测量数据,并根据测量数据计算测量结果。

**1. 操作步骤**

(1) 参照图 2.5 将 GY-39 模块、USB 转串口模块、PC 相连接起来。

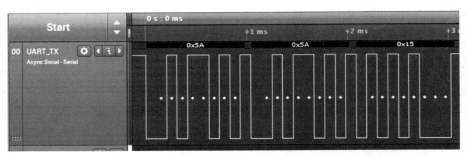

图 2.23　放大后的 GY-39 模块通信波形

（2）参照图 2.10 在 XCOM 软件中选择 COM 号，设置波特率为 9600bps、停止位为 1、数据位为 8、奇偶校验位为无。

（3）在 XCOM 中打开串口并观察接收到的数据。

因为 GY-39 模块默认以 1Hz 的速率连续测量，因此无须进行任何操作就可以在 XCOM 中接收到数据。

**2. 测量结果的计算**

下面是 XCOM 接收到的一组原始测量数据：

```
5A 5A 15 04 00 00 01 2C FA 5A 5A 45 0A 0A EB 00 99 98 4A 10 3C 00 37 F6
```

使用下列公式可以将原始测量数据转换为具体数值：

（1）光照强度 L＝[（前高 8 位≪24）|（前低 8 位≪16）|（后高 8 位≪8）|后低 8 位]/100，单位为 lux。

（2）温度 T＝（（高 8 位≪8）|低 8 位）/100，单位为℃。

（3）气压 P＝[（前高 8 位≪24）|（前低 8 位≪16）|（后高 8 位≪8）|后低 8 位]/100，单位为 Pa。

（4）湿度 Hum＝[（高 8 位≪8）|低 8 位]/100，单位为%RH。

（5）海拔高度 H＝（高 8 位≪8）|低 8 位，单位为 m。

根据图 2.13 和上述公式，可以得到原始测量数据所代表的测量值，即

光照强度 L＝[（0x00≪24）|（0x00≪16）|（0x01≪8）|0x2C]/100＝3lux

温度 T＝[（0x0A≪8）|0xEB]/100＝27.95℃

气压 P＝[（0x00≪24）|（0x99≪16）|（98≪8）|4A]/100＝100659.94Pa

湿度 Hum＝[（0x10≪8）|3C]/100＝41.56%RH

海拔高度 H＝（0x00≪8）|0x37＝55m

在上面的例子中，温度和海拔高度的测量值都是正数。如果测量值是负数，则要将补码转换为原码再计算。例如，在下列原始测量数据中，用下画线标出了温度和海拔高度的数值：

```
5A 5A 15 04 00 00 00 00 CD 5A 5A 45 0A FF 48 00 9D 60 6C 15 DE FF 6B 10
```

其中,温度的数值是负数(0xFF48),对应的十进制数值为—184,所以温度为—184℃。类似地,海拔高度的数值也是负数(0xFF6B),对应的十进制数值为—149,即海拔高度为—149m。

# 2.3　RS485 通信接口和 Modbus 协议

视频讲解

## 2.3.1　RS485 接口原理

### 1. RS485 接口简介

RS485 是美国电气工业联合会制定的多点通信接口标准。因为 RS485 只定义了通信的物理接口,所以需要搭配通信协议才能正常工作。目前常用的与之搭配的通信协议为 Modbus 协议。关于 Modbus 协议的内容将在 2.3.2 节介绍。

RS485 通常采用主从通信方式进行工作,即一个主机搭配多个从机。它适合远距离、高灵敏度的多点通信,单一接口最多可连接 32 个收发器。RS485 接口有 A、B 两条信号线,采用差分信号的形式工作,接收灵敏度可达 200mV,最大传输速率可达 10Mbps。

在 UART 接口中,通过信号线与地线之间的电压差来判断数据是 0 还是 1。因为信号会随着信号线长度的增加而衰减,再加上电磁干扰的影响,导致 UART 接口的通信距离较短。RS485 则通过两根信号线之间的电压差来判断数据是 0 还是 1。当两线间的电压差大于或等于+0.2V 时表示逻辑 1,当两线间的电压差小于或等于—0.2V 时表示逻辑 0。由于两根信号线上的信号同时发生衰减或受到干扰,因而在计算电压差时能相互抵消,从而延长了信号传输距离。RS485 在远距离通信时常用的速率为 9600bps,此时通信距离可达500~1500m。

### 2. UART 转 RS485 模块

由于电气特性的不同,UART 接口与 RS485 接口之间进行通信时需要进行电气特性转换。本书配套的底板使用了一个 UART 转 RS485 模块进行转换。图 2.24 是该转换模块的照片和引脚图。模块的尺寸为 18.4mm×15.2mm。模块左侧为串口连接侧,右侧为RS485 连接侧。使用此模块时,模块的 TX 接 UART 的 TX,模块的 RX 接 UART 的 RX。这一点与其他的 UART 模块不同,需要特别注意。

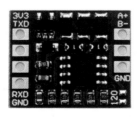
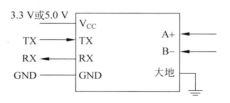

(a) UART转RS485模块照片　　　　　(b) UART转RS485模块引脚图

**图 2.24　UART 转 RS485 模块照片和引脚图**

转换模块的核心是转换芯片。如图 2.24 所示的转换模块使用了国内信路达信息技术有限公司出品的 XL485 芯片。这是一款半双工高速 RS485/RS422 收发芯片，内部包含一路驱动器和一路接收器，最高可以实现 10Mbps 的传输速率。

图 2.25 是使用 PC 通过 USB 转串口模块、串口转 RS485 模块连接 RS485 设备时的连线框图。此时需要连续使用两个模块进行信号之间的转换，在接线时需要特别注意。

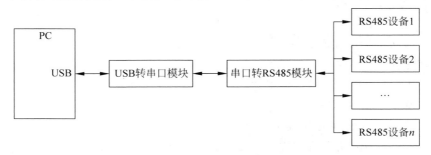

图 2.25　PC 使用 RS485 设备时的连线框图

## 2.3.2　Modbus 协议原理

### 1. 协议简介

Modbus 是一种工业领域常用的串行通信协议，是莫迪康（Modicon）公司于 1979 年为可编程逻辑控制器的通信而研发的。随后施耐德电气（Schneider Electric）收购了莫迪康公司，并在 1997 年推出了 Modbus TCP 协议。2004 年，中国国家标准委员会正式把 Modbus 协议作为了国家标准（GB/T 19582.2—2008《基于 Modbus 协议的工业自动化网络规范 第 2 部分：Modbus 协议在串行链路上的实现指南》）。

Modbus 采用主从方式工作，如图 2.26 所示。主机发出请求，从机返回响应，从机不能主动发送数据。同一时刻只能有一个主机，但可以有多个从机，且从机之间不能相互通信。每个从机都有自己唯一的编号，即设备地址。设备地址的范围是 1～255。因为总线上的主机是唯一的，因此主机没有地址。

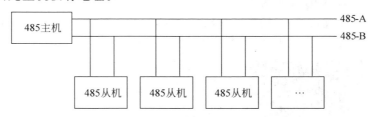

图 2.26　Modbus 协议主从机网络拓扑

### 2. Modbus 协议帧结构

Modbus 的数据帧分为 4 部分，即设备地址、功能码、数据、校验码，如图 2.27 所示。

（1）设备地址。长度为 1 字节，用于指示从机的地址。其中地址 0 是广播地址，1～247 是从机可用的地址，248～255 是保留地址。在同一个 Modbus 总线中，主机没有地址，每个

| 设备地址 | 功能码 | 数据 | 校验码 |
| --- | --- | --- | --- |

**图 2.27　Modbus 协议的帧结构**

从机的地址是唯一的。主机可以通过地址选择通信的对象。

（2）功能码。长度为 1 字节,用于指示主机请求的操作。Modbus 协议规定了一些常用的功能码,如 03 功能码是读保持寄存器,16 功能码是写多个寄存器等。

（3）数据。长度不超过 252 字节。如果是主机发送的帧,则这一部分是主机请求的参数。如果是从机发送的帧,则这一部分是从机返回的数据或者异常码。Modbus 协议在发送数据时采用大端(Big-Endian)模式——如要发送数据 0x1234,则会先发送 0x12,再发送 0x34。

（4）校验码。长度为 2 字节,用于对设备地址、功能码、数据区的所有字节进行校验。校验采用 CRC16 算法。接收方会对接收的信息计算 CRC16 码,并与发送方发来的校验数据进行比较。如果二者不相符,则表明数据在传输过程中出错。

根据用途的不同,Modbus 帧可以分为主机向从机发送的问询帧和从机向主机发送的应答帧。对于 PR-3000 风速风向模块,主机的问询帧结构为:

| 地　址　码 | 功　能　码 | 寄存器起始地址 | 寄存器长度 | 校　验　码 |
| --- | --- | --- | --- | --- |
| 1 字节 | 1 字节 | 2 字节 | 2 字节 | 2 字节 |

从机的应答帧结构为:

| 地　址　码 | 功　能　码 | 有效字节数 | 第 1 数据区 | 第 2 数据区 | … | 第 N 数据区 | 校　验　码 |
| --- | --- | --- | --- | --- | --- | --- | --- |
| 1 字节 | 1 字节 | 1 字节 | 2 字节 | 2 字节 | … | 2 字节 | 2 字节 |

**3. CRC 循环冗余校验**

CRC(Cyclic Redundancy Check,循环冗余校验码)是数据通信领域中常用的检错校验码,主要用来检测数据在传输或者保存过程中是否出现错误。在使用 CRC 的过程中,信息字段和校验字段长度可以任意指定,但通信双方的 CRC 标准必须一致。

CRC 算法的基本思想是将原始数据 D 当作一个位数很长的数。将这个数除以另一个数 A,得到的余数 R 作为校验数据附加到原始数据 D 后面,从而组成循环校验码。对于 Modbus 协议使用的 CRC16,计算步骤为:

（1）加载一个值为 0XFFFF 的 16 位寄存器,此寄存器为 CRC 寄存器。

（2）把第一个字节的数据与 16 位的 CRC 寄存器相异或,异或的结果仍存放于该 CRC 寄存器中。

（3）把 CRC 寄存器的内容右移一位,用 0 填补最高位,并检测移出位是 0 还是 1。

（4）如果移出位为 0,则重复步骤(3)(再次右移一位);如果移出位为 1,CRC 寄存器与 0XA001 进行异或。

（5）重复步骤(3)和(4),直到右移 8 次,这样整个 8 位数据全部进行了处理。

（6）重复步骤(2)和(5),对下一个字节的数据进行处理。

视频讲解

（7）将数据帧所有字节按上述步骤计算完成后，再把 16 位 CRC 寄存器的高、低字节进行交换。此时 CRC 寄存器内容即为 CRC 校验码。

# 2.4　PR-3000 风速风向模块的原理和使用

## 2.4.1　模块介绍

### 1. 模块参数

PR-3000 风速风向模块分为风速模块和风向模块两部分。风速模块采用了三风杯传感器的形式，通过风杯的转速来反映风速的大小，其量程可达 0～70m/s，分辨率为 0.1m/s。风向模块是通过风向箭头的旋转来检测风向。需要注意的是，在风向模块侧面有一个凹槽，使用时应将该凹槽对准正北方向。这两个模块的具体参数如表 2.3 所示。

表 2.3　PR-3000 风速风向模块的主要参数

| 参　　数 | 风 速 模 块 | 风 向 模 块 |
|---|---|---|
| 供电电压 | 10～30V DC | |
| 功耗 | ≤0.3W | ≤0.15W |
| 通信接口 | 波特率：2400bps、4800bps（默认）、9600bps<br>8 位数据位，无奇偶校验，1 位停止位<br>默认 Modbus 通信地址：1 | |
| 分辨率 | 0.1m/s | — |
| 精度 | ±(0.2+0.03V)m/s，V 表示风速 | — |
| 测量范围 | 0～70m/s | 8 个指示方向 |
| 动态响应时间 | ≤1s | ≤0.5s |
| 启动风速 | ≤0.2m/s | — |

图 2.28　8 向风向模块的风向测量示意图

本书使用的风向模块是 8 向风向模块，可以测量北风、东北风、东风、东南风、南风、西南风、西风、西北风 8 种风向，并用代号 0～7 表示出来，如图 2.28 所示。如果以正北方为 0°，以顺时针方向为正方向，那么模块会把 −22.5°～+22.5° 的风都近似为北风。

在输出测量结果时，模块会同时输出风向的编号和风向的角度。风向模块输出的编号和角度之间的对应关系如表 2.4 所示。

表 2.4　风向编号和风向角度的对应关系

| 风向 | 北风 | 东北风 | 东风 | 东南风 | 南风 | 西南风 | 西风 | 西北风 |
|---|---|---|---|---|---|---|---|---|
| 输出的风向编号 | 0 | 1 | 2 | 3 | 4 | 5 | 6 | 7 |
| 输出的风向角度 | 0 | 45 | 90 | 135 | 170 | 215 | 270 | 315 |

### 2. 连接方法

在使用风速风向模块时,需要按照图 2.25 依次连接 PC、USB 转串口模块、串口转 RS485 模块、风速风向模块。风速风向模块为宽电压电源输入,使用 10~30V 的电压均可。因为该电压远超一般芯片的工作电压,所以使用时务必谨慎。RS485 的 A、B 两条信号线不能接反,且总线上多台设备的地址不能冲突。表 2.5 给出了风速风向模块引出的 4 根线的含义和连接方法。

表 2.5　风速风向模块接线方法

| 模 块 线 色 | 接 线 说 明 |
| --- | --- |
| 棕色 | 电源正(10~30V DC) |
| 黑色 | 电源负,接地 |
| 绿色 | 连接到串口转 RS485 模块的 A 引脚 |
| 蓝色 | 连接到串口转 RS485 模块的 B 引脚 |

## 2.4.2　模块地址的修改

在同一通信网络中,Modbus 协议从机的地址是不能重复的。因为风速风向两个模块默认地址都是 1,所以在使用前需要先修改模块的地址。该地址修改一次便可以永久生效,不需要反复修改。本书将风向模块的地址改为 2,风速模块的地址保持默认值 1。

风速风向模块附带了配置工具 RS485Control(见本书的配套工具和资料包),如图 2.29 所示。该工具同时适用于多种 RS485 设备,操作方法与串口调试助手类似,具有读取测量结果、修改参数等功能。但是读取温度、湿度、水浸状态等功能并不适用于风速风向模块,读取的结果也不正确。

使用该软件修改 Modbus 地址时,首先选择风向模块使用的 COM 号,如图 2.30(a)中的①所示。然后单击"测试波特率"按钮(②)。稍等片刻,在弹出的对话框中会显示设备地址和波特率。如果软件没有检测到设备,则会提示未知波特率。如图 2.30(b)中的③所示,将设备地址改为 2,然后单击"设置"按钮(④)。稍等片刻,软件会提示"地址设置成功"。

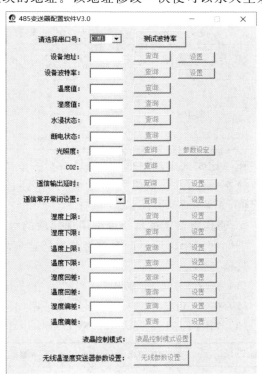

图 2.29　RS485Control 软件主界面

(a) 测试波特率的结果

(b) 修改地址的结果

图 2.30　使用 RS485Control 测试波特率并修改设备地址

## 2.4.3　使用 PC 读取硬件测量数据

**1. 数据寄存器地址**

风速风向模块采集的数据均存放在寄存器中。所谓寄存器,是指 CPU 或芯片内部存放数据的小型存储区域。表 2.6 给出了风速风向模块的寄存器地址和其中存放的数据。

表 2.6　风速风向模块的寄存器地址和数据内容

| 模　　块 | 寄存器地址 | 内　　容 |
| --- | --- | --- |
| 风速模块 | 0000H | 瞬时风速<br>数据为真实值的 10 倍 |
| 风向模块 | 0000H | 风向(0～7°)<br>数据即为真实值 |
| | 0001H | 风向(0～359°)<br>数据即为真实值 |

在风速模块中,寄存器 0000H 存放着放大 10 倍后的风速数值。要获取风速值,只需要读取该寄存器,并将数值除以 10 即可。风向模块寄存器中的结果就是具体的风向编号值或角度值,无须进行处理。

**2. 使用串口调试助手读取风速模块的数据**

下面使用串口调试助手直接读取风速模块的测量数据,从而检查模块是否可以正常工作。具体步骤如下:

(1) 完成 PC、USB 转串口模块、串口转 RS485 模块、风速模块的连接。

(2) 在 XCOM 中选择串口号、波特率(4800bps)等,并打开串口。

(3) 如图 2.31(a)所示,在 XCOM 中以十六进制发送问询帧数据:

| 地　址　码 | 功　能　码 | 寄存器起始地址 | 寄存器长度 | 校　验　码 |
| --- | --- | --- | --- | --- |
| 01 | 03 | 00 00 | 00 01 | 84 0A |

如图 2.31(b)所示,风速模块返回了下述应答帧数据:

| 地 址 码 | 功 能 码 | 有效字节数 | 数 据 区 | 校 验 码 |
|---|---|---|---|---|
| 01 | 03 | 02 | 00 3E | 39 94 |

(a) 发送问询帧        (b) 接收应答帧

**图 2.31 使用 XCOM 向风速模块发送问询帧并接收应答帧**

（4）计算结果。风速数据的测量结果为 0x003E，换算成十进制是 62。由于模块返回的数据是实际值的 10 倍，因此实际风速为 6.2m/s。

**3. 使用串口调试助手读取风向模块的数据**

读取风向数据的过程与读取风速数据的过程类似。如图 2.32（a）所示，首先通过 XCOM 软件以十六进制发送问询帧：

| 地 址 码 | 功 能 码 | 寄存器起始地址 | 寄存器长度 | 校 验 码 |
|---|---|---|---|---|
| 02 | 03 | 00 00 | 00 02 | C4 38 |

如图 2.32（b）所示，风向模块会返回应答帧：

| 地 址 码 | 功 能 码 | 有效字节数 | 第一数据区 | 第二数据区 | 校 验 码 |
|---|---|---|---|---|---|
| 02 | 03 | 04 | 00 01 | 00 2D | 58 EE |

(a) 发送问询帧        (b) 接收应答帧

**图 2.32 使用 XCOM 向风向模块发送问询帧并接收应答帧**

应答帧的数据区分为两部分。第一数据区存放的是风向的编号（即接收数据中的 00 01），第二数据区存放的是风向的角度（即接收数据中的 00 2D）。因而本次测量的结果为：

- 风向 0x0001＝1，即东北风。
- 角度 0x002D＝45°。

## 2.5  本章小结

UART 接口是一种使用非常广泛的硬件接口。学习 UART 接口是学习 I2C、SPI 等通信接口的基础。本章介绍了 UART 接口、RS485 接口、Modbus 协议和配套转换模块的原理和工作过程，介绍了 GY-39 气象模块、PR-3000 风速风向模块的使用方法。考虑到工程实践中常常要进行硬件调试，因此本章还介绍了串口调试助手和逻辑分析仪的使用方法。读者在学习了本章的内容后，可以继续学习其他 UART 模块的使用，如串口蓝牙模块、串口Wi-Fi 模块、串口屏等，也可以学习 I2C、SPI 等接口的知识。

## 扩展阅读：自动气象站在我国的发展

随着经济的发展和社会的进步，气象灾害造成的损失越来越大。自动气象站具有获取资料准确度高，观测的时、空密度大，业务成本低等特点，大大提高了气象观测的质量，增强了灾害性天气的预警能力。

自动气象站一般由传感器、变换器、数据处理装置、资料发送装置、电源等部分组成，能自动进行气象观测和资料收集及传输。使用自动气象站可以改善观测质量和可靠性，保证观测的可比性要求，降低观测业务成本。

我国于 20 世纪 80 年代提出建设自动气象站的构想。1999 年引进了芬兰的 5 套自动气象站投入业务运行，标志着我国地面气象观测进入了一个新的里程。1999 年我国开始建设自行生产的第一批自动气象站，并于 2000 年正式投入运行。随后，我国加快了自动气象站建设速度。2000—2001 年在四川、重庆、湖南等地建了 32 个自动站；2002 年新建了 582 个自动站。2004 年年底，全国气象部门累计有 3548 个自动气象站投入运行。到 2020 年年底，我国自动气象站数量已经超过 10000 个。

目前，我国在每个县级地区均布设了国家级自动气象站。各个自动气象站每分钟采集一次观测数据，每 5 分钟向省级气象中心发送一次观测数据。这些国家级自动气象站均能实现温度与湿度及气压、信息采集功能，气象数据精度达到国家气象预报的要求。

# 第3章

**CHAPTER 3**

# 简易C++基础

Qt 是一个基于 C++ 的开发库,在跨系统、跨硬件平台程序开发方面有着持久的积累和得天独厚的优势。学习 Qt 需要具有一定的 C++ 基础。如果只有 C 语言基础,直接学习 Qt 难免会事倍功半。由于 C++ 的知识浩如烟海,本章只能根据后续章节的需要讲解一些 C++ 的基础知识,如面向对象编程的概念、基本输入输出、名称空间、函数重载、类的继承和派生等。通过学习本章的内容,可以打下继续学习 C++ 和 Qt 的基础。

## 3.1  C 和 C++

视频讲解

### 3.1.1  C++简史

C++ 是从 C 语言发展而来的。要梳理 C++ 的历史,就不得不提 C 语言。

C 语言是一种面向过程的编程语言。1972 年,贝尔实验室的 Dennis Ritchie(1941.09.09—2011.10.12)以 B 语言为基础,在一台 DEC PDP-11 计算机上实现了最初的 C 语言。C 语言不但语法简洁灵活、运算符和数据结构丰富,而且具有结构化控制语句,程序执行效率高。与同时期的其他高级语言相比,C 语言可以直接访问物理地址;与汇编语言相比,C 语言具有良好的可读性和可移植性。

1979 年 10 月,贝尔实验室的 Bjarne Stroustrup 博士为 C 语言增加了类和一些其他特性,并将这种新的编程语言命名为 C with class。1983 年,C with class 更名为 C++。在 C 语言中,++运算符的作用是对一个变量进行递增操作,由此也可以看出 C++ 的定位。在这一时期,C++ 引入了许多重要的特性,例如虚函数、函数重载、引用、const 关键字、双斜线引导的单行注释等。

1985 年,Bjarne Stroustrup 博士的著作 *C++ Programming Language* 出版。同年,C++ 的商业版本问世。1990 年,*Annotated C++ Reference Manual* 发布,Borland 公司的 Turbo C++ 编译器问世。1998 年,C++ 标准委员会发布了 C++ 的第一个国际标准——ISO/IEC 14882:1998。该标准即为广泛应用的 C++98。随后 C++ 进入了高速发展时期。

C++ 在 C 语言的基础上增加了面向对象以及泛型编程机制,大大提高了大中型程序开发的效率。由于 C++是 C 语言的扩展，因此 C 语言代码几乎可以不加修改地用于 C++。如果不使用 C++的特性，那么 C++的执行效率和 C 语言几乎相同。

## 3.1.2 面向过程编程和面向对象编程

C++最早称为 C with class。可见 class(类)是 C++的最重要特征。那么为什么要在 C 语言的基础上引入类？引入类又有什么优点？要回答这两个问题，就要从面向过程编程（Procedure Oriented Programming，POP）和面向对象编程（Object Oriented Programming，OOP）说起。

面向过程编程和面向对象编程是解决问题的两种思路。使用面向过程编程的思路解决问题时，会把任务拆分成一个个函数和数据（见图 3.1），然后按照一定的顺序执行函数。C 语言就是一种典型的面向过程的语言。

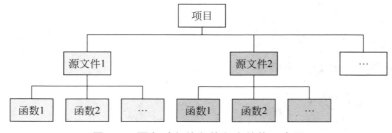

图 3.1　面向过程编程的程序结构示意图

例如，要通过边长计算三角形的面积。如果使用面向过程的思路，会自然地将这个问题分解为数据和算法两部分。数据是三角形的 3 个边长（$a$、$b$、$c$），算法则是海伦公式：

$$S = \sqrt{p(p-a)(p-b)(p-c)}$$

其中，

$$p = \frac{a+b+c}{2}$$

有了数据和算法，只要用代码将算法一步一步实现，问题就解决了。

面向对象编程的思路则不同。使用这一思路解决问题时会先把事物进行抽象，得到描述事物的信息（数据）和事物的行为（功能）并组成类。具体问题反而成了类的特例。按照面向对象的思路编写的程序结构示意图如图 3.2 所示。

还是以计算三角形面积的问题为例。既然三角形是二维图形的一种，那么是不是可以编写一个通用的类来计算各种二维图形的面积？计算时是否可以使用不同的算法？能否可以提供不同精度的结果？将这些内容放到一起，就可以组成一个类。当然，也可以只围绕三角形做文章，比如在计算面积的基础上增加计算周长、计算正弦和余弦（只针对直角三角形）的功能，或者计算外接圆、内切圆半径的功能等。当然，具体如何设计这个类需要根据实际需求进行。

如果说面向过程编程是使问题满足编程语言的语法要求，那么面向对象编程就是试图

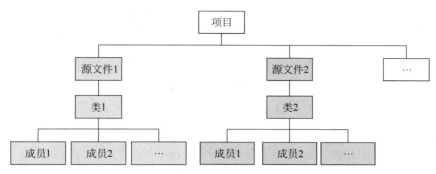

图 3.2　面向对象编程的程序结构示意图

让语言来满足问题的要求。面向对象编程本质是通过建立模型来体现抽象思维过程。因为模型不可能反映客观事物的一切具体特征,所以必须要对事物特征和变化规律进行抽象,得到一个能普遍、深刻地描述问题特征的模型,也就是类。通过这一过程,不仅加深了对问题的认识,还可以把原本分散开来的数据与功能整合到类中,使程序的扩展性得以提高。

### 3.1.3　面向对象编程的特征

面向对象编程有 4 个特征,即抽象、封装、继承、多态。由于本书并非专门的 C++ 教程,因此只简单介绍一下这 4 个特征的含义。

(1) 抽象,就是对同一类事物的共有的属性特征和功能行为进行提取、归纳、总结的过程。如汽车都有轮子、发动机等部件,这些是汽车的属性。汽车能前进后退、能载客载货,这些是汽车的功能。通过类似的抽象可以把汽车的属性与功能提取出来,供描述汽车的程序使用。

(2) 封装,就是隐藏对象的属性和实现细节,仅公开接口,从而控制程序对数据的访问。例如,在驾驶汽车时,驾驶人员只能接触到方向盘、油门、刹车等接口设备,而汽车复杂的机械原理则隐藏在接口之后。

(3) 继承,即从已有的类产生出新的类。新的类能接收已有类的数据和功能,并能扩展新的数据和功能。通过继承可以有效地提高代码的重用性。例如,在上述的汽车类的基础上,还可以派生出轿车、SUV、MPV 等不同车型的类。

(4) 多态,指同一种事物在不同的情况下有多种表现形式。例如,在同一个类中,可以有多个名称相同但参数不同的函数。程序运行时可以根据需要调用对应的函数。

## 3.2　Hello，C++！

视频讲解

### 3.2.1　一个简单的 C++ 程序

虽然 C++ 是一门面向对象的编程语言,但是 C 代码仍然可以在 C++ 环境下运行。作为第一个例子,不妨先看一个 C++ 风格的面向过程程序,其代码如下:

```
1   // 示例代码\ch3\ch3 - 1CPPDemo\main.cpp
2   # include < iostream >
3   namespace mySpace
4   {
5       int nNum = 321;
6   }
7   using namespace std;
8   int nNum = 0;
9   int main()
10  {
11      char cStr[] = "Please enter a number:";
12      cout << "Hello!" << endl << cStr;
13      cin >> nNum;
14      cout << "The number you entered is: " << nNum << endl;
15      cout << "The number in mySpace is: " << mySpace::nNum << endl;
16      return 0;
17  }
```

在这段代码中，第 1 行是 C++风格的注释。编译器会忽略从双斜杠（"//"）到行尾的所有内容。在 C++中，双斜杠注释和 C 风格的/ * … * /注释均可使用。这段代码在本书配套资源中的路径和文件名为"配套代码\ch3\ch3-1CPPDemo\main. cpp"。

第 2 行为预处理内容。iostream 是头文件，定义了标准输入/输出流对象。该头文件使得 C++程序能够从键盘输入信息并通过屏幕上输出信息。关于输入/输出流的具体内容请见 3.2.2 节。

第 3~6 行定义了名称空间 mySpace 和属于 mySpace 的变量 nNum，并将 nNum 初始化为 321。关于名称空间的具体内容请见 3.2.3 节。

第 7 行指明了后续代码使用的默认名称空间为 std。

第 8 行（在默认名称空间 std 中）声明了全局变量 nNum。

第 9 行声明了主函数 main()，这与 C 语言相同。

第 11 行定义了字符串 cStr 并初始化。

第 12 行调用 cout 在屏幕上显示"Hello!"和字符串 cStr 的内容。cout 是 C++的标准输出流对象，endl 是 C++风格的换行符。

第 13 行调用 cin 读取用户输入的数字并保存到变量 nNum 中。cin 是 C++的标准输入流对象。

第 14 行和第 15 行输出了名称空间 mySpace 中的变量 nNum 和名称空间 std 中的变量 nNum。

第 16 行程序结束，返回 0。

要运行该程序，可以使用 Qt Creator、VS Code、Code：：Blocks 等工具，也可以使用在线 C++编译器 OnlineGDB 等。如果使用 Qt Creator，可以直接打开该项目的 pro 文件并运行。下面是该程序的运行结果，其中符号↙代表按 Enter 键：

```
Hello!
Please enter a number:12 ↙
The number you entered is: 12
The number in mySpace is: 321
```

## 3.2.2 C++的基本输入/输出

**1. 输入/输出流**

C++将数据从一个对象到另一个对象的流动抽象为"流"。流在使用前要建立,使用后要删除。从流中获取数据的操作称为提取操作,向流中添加数据的操作称为插入操作。C++的头文件 iostream 负责实现输入/输出流。iostream 由输入流 istream、输出流 ostream、文件流 fstream、缓冲流 streambuf 等多个库组合而成的。开发者也可以单独引用 istream 或 ostream 等头文件,从而减小程序的大小。

**2. cin 和 cout**

在 C 语言中使用 scanf()和 printf()实现输入和输出。在 C++中,可以使用预定的流对象 cin 和 cout。cin 是一个输入流对象,用来处理标准输入(即从键盘读取的信息)。在使用 cin 时需要紧跟≫运算符。cout 是一个输出流对象,用来处理标准输出(即通过屏幕输出的信息)。在使用 cout 时需要紧跟≪运算符。这两个运算符可以自动分析数据类型,无须像 scanf()和 printf()一样给出格式控制字符串。在使用 cout 时,可以使用 C++风格的换行符 endl(即 end of line 的缩写)。endl 与 C 语言中的'\n'作用相同,在 C++中可以相互替代,例如:

```cpp
// 示例代码\ch3\ch3-2cincout\main.cpp
#include <iostream>
using namespace std;
int main()
{
    int nNum;
    float fNum;
    cout << "Please input an int number and a float number:" << endl;
    cin >> nNum >> fNum;
    cout << "The int number is " << nNum << '\n';
    cout << "The float number is " << fNum << endl;
    return 0;
}
```

运行该程序,结果如下:

```
Please input an int number and a float number:
8 7.4 ↙
The int number is 8
The float number is 7.4
```

运行程序后，用户首先要通过键盘输入两个数字（如 8 和 7.4），并按 Enter 键。这两个数字分别存储到 nNum、fNum 两个变量中。然后程序将这两个变量的值输出在了屏幕上。

## 3.2.3 名称空间

一个中大型软件往往由多名程序员共同开发。不同程序员使用的变量名或函数名难免会出现冲突。为了解决这一问题，C++引入了名称空间（Namespace，也称为命名空间）的概念。通过名称空间，开发者可以将自己的代码封装在私有的空间中，从而避免与其他代码出现冲突。

名称空间的关键字为 namespace。定义名称空间的方法为：

```
namespace spacename
{
    //定义变量、函数、类等
}
```

其中，spacename 是名称空间的名字，花括号表明了名称空间的范围。在花括号内部可以定义变量、函数、类，也可以进行 typedef、♯define 等操作。C++默认的名称空间是 std。C++的标准函数或者对象都是在 std 中定义的，如 cin 和 cout。

例如，小赵与小钱各自定义了自己的名称空间，并在各自的名称空间里定义了变量dSum（见示例代码\ch3\ch3-3Namespace）：

```
namespace Zhao
{
    double dSum = 1000;
}

namespace Qian
{
    double dSum = 100;
}
```

虽然这两个变量名称相同，但是分别处于不同的名称空间，所以可以共存。在使用时，可以通过域解析操作符::来指明变量（或函数、类等）的归属，例如，

```
Zhao::dSum = 123;          //使用小赵定义的变量 dSum
Qian::dSum = 456;          //使用小钱定义的变量 dSum
```

要声明默认使用的名称空间，可以使用 using namespace 关键字，例如，

```
using namespace Zhao;

int main()
{
    std::cout << dSum << " " << Qian::dSum << std::endl;
```

```
    dSum = 1001;
    Qian::dSum = 101;
    std::cout << dSum << " " << Qian::dSum << std::endl;

    return 0;
}
```

在这段代码中，首先声明了默认使用的名称空间 Zhao，然后在主函数中进行了变量输出和赋值操作。需要注意的是，cout、endl 均是在名称空间 std 中定义的。由于默认的名称空间改为了 Zhao，因此在使用 cout、endl 时需要加上 std::前缀。这段代码的运行结果为：

```
1000  100
1001  101
```

## 3.3　函数和 new 运算符

视频讲解

### 3.3.1　函数的默认参数

C++允许在定义函数时给形参指定默认的值。在调用函数时，如果没有给形参赋值，那么就使用默认值；如果给出了形参的值，则忽略默认值。

在下面的代码中，定义了用于输出两个数最大值的函数 printMax()。函数的两个参数分别具有默认值 2 和 3。printMax()函数在主函数中被重复调用。每次调用时形参的数量均不相同。

```cpp
// 示例代码\ch3\ch3 – 4DefaultArguments\main.cpp
# include < iostream >
using namespace std;

void printMax( int nArg1 = 2, int nArg2 = 3)
{
    cout << "Max of " << nArg1 << " and " << nArg2 << " is " << (nArg1 > nArg2 ? nArg1 : nArg2) <<
endl;
}

int main()
{
    printMax(10, 6);          //形参 nArg1 = 10，nArg2 = 6
    printMax(5);              //形参 nArg1 = 5，nArg2 为默认值 3
    printMax();              //形参 nArg1 为默认值 2，nArg2 为默认值 3
    return 0;
}
```

程序的运行结果为：

```
Max of 10 and 6 is 10
Max of 5 and 3 is 5
Max of 2 and 3 is 3
```

C++规定带默认参数的形参只能放在形参列表的末尾。一旦为某个形参指定了默认值,那么后面的所有形参都必须有默认值。以下定义和调用函数的方法都是错误的:

```
void printMax( int nArg1 = 2, int nArg2);        //错误的定义方法
printMax( ,6);                                   //错误的调用方法
```

### 3.3.2  函数重载

在实际开发中,有时候需要实现几个功能类似的函数,例如,需要分别求两个 int 型变量、两个 float 型变量、两个 char 型变量的最大值。在 C 语言中需要编写不同的函数来实现这一功能,如:

```
int maxInt(int nArg1, int nArg2);               //求两个 int 型变量的最大值
float maxFloat(float fArg1, float fArg2);       //求两个 float 型变量的最大值
char maxChar(char cArg1, char cArg2);           //求两个 char 型变量的最大值
```

但是在 C++中,借助函数重载(Function Overloading)功能可以编写多个函数名相同但参数不同的函数,例如:

```
int max(int nArg1, int nArg2)                   //求两个 int 型变量的最大值
float max(float fArg1, float fArg2);            //求两个 float 型变量的最大值
char max(char cArg1, char cArg2);               //求两个 char 型变量的最大值
```

在调用 max()函数时,系统会根据参数的类型自动选择合适版本的 max()函数。例如:

```cpp
// 示例代码\ch3\ch3 - 5FunctionOverloading\main.cpp
#include <iostream>
using namespace std;
int max(int nArg1, int nArg2)                    // int 型
{
    return nArg1 > nArg2 ? nArg1 : nArg2;
}

float max(float fArg1, float fArg2)              // float 型
{
    return fArg1 > fArg2 ? fArg1 : fArg2;
}

char max(char cArg1, char cArg2)                 // char 型
```

```
{
    return cArg1 > cArg2 ? cArg1 : cArg2;
}

int main()
{
    int n1 = 3, n2 = 4;
    cout << "Max of n1 and n2 is: " << max(n1, n2) << endl;
    float f1 = 2.72, f2 = 3.14;
    cout << "Max of f1 and f2 is: " << max(f1, f2) << endl;
    char c1 = 'A', c2 = 'B';
    cout << "Max of c1 and c2 is: " << max(c1, c2) << endl;
    return 0;
}
```

程序的运行结果为：

```
Max of n1 and n2 is: 4
Max of f1 and f2 is: 3.14
Max of c1 and c2 is: B
```

在实现函数重载时,函数的名称必须相同,但是函数的参数列表必须不同。这里的参数列表涉及参数的类型、参数的个数和参数的顺序。只要其中有一个不同就叫作参数列表不同。函数的返回值不能作为函数重载的判定依据。

### 3.3.3　new 和 delete 运算符

动态内存分配是编程中经常用到的方法。在 C 语言中,常使用 malloc()函数动态申请内存。当这部分内存使用完毕后,需要用 free()函数释放内存。例如:

```
int * p = (int * ) malloc( sizeof(int) * 10 );      //申请内存
p[1] = 1;                                            //使用内存
free(p);                                             //释放内存
```

C++在 malloc()函数和 free()函数的基础上增加了 new 和 delete 两个运算符。new 用来动态申请内存,delete 用于释放 new 申请的内存,例如:

```
int * p2 = new int;            //申请 1 个 int 型的内存空间
int * p3 = new int[10];        //申请 10 个 int 型的内存空间
delete p2;                     //释放 1 个 int 型的内存空间
delete[] p3;                   //释放整个 int 型数组的内存空间
```

new 运算符会根据后面的数据类型来自动推断所需空间的大小,无须使用 sizeof()计算。通过 new 申请的内存必须调用 delete 手动释放,否则只能等到程序运行结束由操作系统回收。值得注意的是,当使用 new 运算符为类对象指针申请内存时,会自动调用类的构造函数(见 3.4.3 节),但是使用 malloc()函数为类对象指针申请内存则不会调用构造函数。

视频讲解

# 3.4 类和对象

## 3.4.1 抽象、类和对象

### 1. 抽象

抽象的过程是对问题（也就是研究对象）进行分析和认识的过程，也是类和对象的基础。一般来说，对研究对象的抽象应该包括两个方面：数据抽象和行为抽象。前者描述研究对象的属性或状态，也就是研究对象区别于其他对象的特征；后者也叫作功能抽象、代码抽象，描述的是研究对象的共同行为或功能特征。

例如，如果要对日常生活中常用的时钟进行抽象，则需要 3 个 int 型变量来存储时、分和秒，这就是对时钟所具有的数据进行抽象。时钟要有显示时间、设置时间等功能，这就是对时钟的行为进行抽象。用变量和函数可以将抽象后的时钟属性描述如下：

```
变量 int nHour, int nMinute, int nSecond
函数 showTime(), setTime()
```

### 2. 类和对象

在学习 C 语言时我们了解了结构体（Struct）的知识。结构体是一种构造类型，可以包含若干不同类型的成员变量（也称为元素）。C++中的类也是一种构造类型，但是其功能远比结构体强大得多。类的成员不但可以是变量，还可以是函数，也可以是另外一个类。通过类定义出来的变量也有特定的称呼，叫作"对象"（Object）。

类规定了可以使用哪些数据来表示对象，以及可以对这些数据执行哪些操作。例如，上面分析了一个时钟具有的数据和功能。在这个基础上，就可以定义一个通用的时钟类。要实现时钟程序，只需要定义一个时钟类的对象。对象包含了时钟所有的数据和使用时钟所有的操作。如果需要在程序中实现多个时钟，则可以定义多个类对象。

## 3.4.2 定义类和类对象

在了解了类的含义以后，下面来学习如何用代码定义、实现一个类，以及如何定义、使用类对象。

### 1. 类的定义和实现

仍以上面的时钟类为例来讲解类的定义和实现。此处为时钟类额外增加了闹钟功能。

（1）定义类。在定义类时，要在头文件（.h 文件）中按照 C++语法对类的成员变量和成员函数进行定义。这非常类似于变量声明和函数声明。定义类的通用格式为：

```
class 类名称
{
```

```
public:
    公有成员/接口
protected:
    受保护的成员
private:
    私有成员
};
```

上述代码第 1 行的 class 是 C++的关键词,代表这段代码定义了一个类。这与 C 语言的结构体关键词 struct 非常类似。代码中的花括号{}限定了类的范围。public(公有的)、protected(受保护的)、private(私有的)都是 C++的关键词,用于定义成员函数和成员变量的访问类型。一般也将它们称为访问权限限定符。这一部分内容将在访问控制部分讲解。类的每个成员变量和成员函数都要有自己的访问类型。例如,如果希望成员变量是私有的,那么只要将变量定义写在 private 下方即可。

假如将时钟类命名为 ClassClock,那么可以按照上述格式在头文件 ClassClock.h 中完成时钟类的定义:

```
// 示例代码\ch3\ch3 - 6ClassClock\ClassClock.h
class ClassClock
{
private:
    int m_nHour;                        //当前时间的小时部分
    int m_nMinute;                      //当前时间的分钟部分
    int m_nSecond;                      //当前时间的秒部分

public:
    int m_nHourAlarm;                   //闹钟时间的小时部分
    int m_nMinuteAlarm;                 //闹钟时间的分钟部分

    void setTime(int h, int m, int s);  //设置当前时间
    void setAlarm(int h, int m);        //设置闹钟时间
    void getTime(int * h, int * m, int * s);  //读取当前时间
    void getAlarm(int * h, int * m);    //读取闹钟时间
};
```

在上述代码中,当前时间(m_nHour、m_nMinute、m_nSecond)是私有成员,而闹钟时间(m_nHourAlarm、m_nMinuteAlarm)和所有的成员函数(setTime()、setAlarm()、getTime()、getAlarm())都是公有成员。代码中没有受保护的成员。

在类定义的过程中,private、protected、public 的出现顺序没有要求,出现的次数也没有限制。为了使程序清晰,可以使每种访问限定符在类定义中只出现一次。如果没有显式地声明访问权限,则默认为 private。例如,在上面 ClassClock 类的定义中,如果删去 private 一行,那么所有类成员的访问权限保持不变。

(2)成员函数实现。头文件 ClassClock.h 用于保存类的定义,而同名的.cpp 文件则保

存成员函数的具体代码。在本例中，时钟类的代码实现如下：

```cpp
// 示例代码\ch3\ch3-6ClassClock\ClassClock.cpp
# include "ClassClock.h"

void ClassClock::setTime(int h, int m, int s)
{
    m_nHour = h;
    m_nMinute = m;
    m_nSecond = s;
}

void ClassClock::setAlarm(int h, int m)
{
    m_nHourAlarm = h;
    m_nMinuteAlarm = m;
}

void ClassClock::getTime(int * h, int * m, int * s)
{
    * h = m_nHour;
    * m = m_nMinute;
    * s = m_nSecond;
}

void ClassClock::getAlarm(int * h, int * m)
{
    * h = m_nHourAlarm;
    * m = m_nMinuteAlarm;
}
```

在 ClassClock.cpp 中，每个成员函数的函数名前面都需要增加前缀 ClassClock::，从而指明该函数所属的类。如果不指明所属的类，那么编译器会报告错误。

**2. 类对象的创建和使用**

类的使用和结构体的使用十分类似。可以通过以下两种方法创建 ClassClock 类的对象：

```cpp
ClassClock clock1;                              //方法1
ClassClock * clock2 = new ClassClock();         //方法2
```

方法 1 直接创建了一个类对象 clock1；方法 2 则先创建了一个类对象指针 clock2，然后通过 new 运算符为该指针申请了内存。从内存管理的角度看，方法 1 是将变量存放在内存的栈中，方法 2 是将变量存放在内存的堆中。由于方法 2 使用了 new 运算符，因此在类对象完成任务后需要调用 delete 运算符释放内存，即

```cpp
delete clock2;
```

对于类对象 clock1,可以使用".运算符(即英文句号)访问其成员,例如:

```
clock1.setTime(12, 34, 56);
clock1.m_nHourAlarm = 11;
```

对于类对象指针 clock2,可以使用"->"运算符访问其成员,例如:

```
clock2->setTime(12, 34, 56);
clock2->m_nHourAlarm = 11;
```

**3. 类成员的访问控制**

在面向对象编程中,一个核心原则就是数据和数据的操作相分离。在理想的情况下,数据是隐藏的(如汽车的发动机),而数据的接口是公开的(如汽车的油门、方向盘)。数据是无法直接访问的,但是可以通过数据接口来间接访问或者操作数据。类的访问控制机制可以有效地控制谁能访问类成员、谁不能访问类成员。

在 C++中,类的成员有 3 种访问权限,分别是 public(公有的)、protected(受保护的)、private(私有的)。所谓 public 权限,就是该成员可以被任何代码访问(类似于汽车内的所有人都可以接触方向盘)。private 指该成员只能被类中的代码访问,不能被外界直接访问(例如只能通过油门间接控制发动机的工作状态)。protected 权限主要用于类的继承和派生,具体在 3.5 节进行讲解。在不考虑类的继承和派生的情况下,可以简单地认为 protected 权限和 private 权限相同。

下面通过一个例子来体会类成员访问权限的作用。下面的代码中定义一个时钟类 ClassClock 的对象,并访问了类对象的各个成员变量和成员函数:

```cpp
1   // 示例代码\ch3\ch3-6ClassClock\main.cpp
2   #include <iostream>
3   #include "ClassClock.h"        //引用类定义文件
4   using namespace std;
5   int main()
6   {
7       ClassClock myClock;            //定义类对象
8       int h, m, s;
9       myClock.setTime(12, 34, 56); //调用公有成员函数
10      myClock.m_nHourAlarm = 3;    //直接访问公有成员变量
11      myClock.m_nMinuteAlarm = 30; //直接访问公有成员变量
12      // myClock.m_nHour = 1;       //直接访问私有成员变量,会引发错误!
13      myClock.getTime(&h, &m, &s); //调用公有成员函数
14      cout << "Current time is " << h << ":" << m << ":" << s << endl;
15      cout << "Alarm time is " << myClock.m_nHourAlarm << ":" << myClock.m_nMinuteAlarm <<
        endl;                         //直接访问公有成员变量
16      return 0;
17  }
```

因为类的公有成员可以任意访问,所以可以在主函数中直接调用公有成员函数(见代码

第 9 行、第 13 行），也可以在主函数中直接操作公有成员变量（见代码第 10 行、第 11 行、第 15 行）。而类的私有成员是不能直接访问的，因此在主函数代码的第 12 行无法为私有成员变量 m_nHour 赋值。但是在类的内部，所有成员变量和成员函数都可以互相访问，不受权限限制。所以公有成员函数 setTime() 可以访问类的私有成员变量来设置时间。

由于成员变量一般设置为私有，不能在类外部直接访问，所以常常设计一组公有的 set() 函数和 get() 函数来访问私有的成员变量。set() 函数用于修改私有成员变量的值；get() 函数用于读取、输出、打印私有成员变量的值。因为 set() 和 get() 函数可以为外界提供接口来访问类内部的成员，所以将它们统称为接口函数。使用接口函数体现了面向对象编程中的封装特性。

### 3.4.3 构造函数和析构函数

#### 1. 构造函数

通过前面的学习可以看到，创建类对象和创建 int 型变量并没有本质上的区别。但是类是一种复杂的构造类型，内部包含了不同的成员。在创建 int 型变量时，可以为变量提供初始值。但是创建类对象时，成员变量的初始值是多少呢？要回答这一问题，就不得不提到类的构造函数（Constructor）。

构造函数是类的一种特殊的公有成员函数，会在创建类对象时自动执行，完成类对象初始化操作。构造函数的函数名和类名相同，但是没有返回值（返回值是 void 也不可以），也不能含有 return 语句。用户不能手动调用构造函数。在设计类的过程中，如果开发者没有显式地定义构造函数，那么编译器会自动生成一个默认的构造函数。默认构造函数的函数体是空的，也没有形参。下面仍以闹钟类 ClassClock 为例讲解，默认的构造函数为：

```
ClassClock()
{}
```

下面为闹钟类 ClassClock 显式地添加构造函数，并在这个构造函数中将成员变量初始化为 0。添加构造函数的具体步骤如下。

（1）在类定义中增加一个没有返回值的公有函数 ClassClock()，函数名与类名相同：

```
// 示例代码\ch3\ch3 - 7Constructor\ClassClock.h
public:
    ClassClock();
```

（2）在 cpp 文件中实现构造函数：

```
// 示例代码\ch3\ch3 - 7Constructor\ClassClock.cpp
ClassClock::ClassClock()
{
    m_nHour = 0;
    m_nMinute = 0;
```

```
    m_nSecond = 0;
    m_nHourAlarm = 0;
    m_nMinuteAlarm = 0;
}
```

这样在创建类对象时会自动地调用构造函数,将成员变量初始化为 0。

构造函数是允许重载的。一个类可以有多个重载的构造函数。创建对象时,系统会根据传递的实参类型和数量来调用相应的构造函数。下面继续为 ClassClock 类增加一个重载的带参数的构造函数,从而在创建类对象的时候指定当前时间和闹钟时间。该构造函数的定义为:

```
// 示例代码\ch3\ch3 - 7Constructor\ClassClock.h
public:
    ClassClock(int h, int m, int s, int ha, int ma);
```

该构造函数的代码为:

```
// 示例代码\ch3\ch3 - 7Constructor\ClassClock.cpp
ClassClock::ClassClock(int h, int m, int s, int ha, int ma)
{
    m_nHour = h;
    m_nMinute = m;
    m_nSecond = s;
    m_nHourAlarm = ha;
    m_nMinuteAlarm = ma;
}
```

在创建类对象时,可以通过构造函数的参数决定调用哪个构造函数,例如,

```
// 示例代码\ch3\ch3 - 7Constructor\main.cpp
# include < iostream >
# include "ClassClock.h"
using namespace std;

int main()
{
    ClassClock clock1;                     //调用不带参数的构造函数
    ClassClock clock2(0, 0, 0, 3, 30);     //调用带参数的构造函数
    return 0;
}
```

构造函数的调用是强制性的。一旦在类中定义了构造函数,那么创建对象时就一定会调用它。如果有多个重载的构造函数,那么创建对象时提供的实参必须和其中的一个构造函数匹配。

**2. 析构函数**

创建类对象时系统会自动调用构造函数进行初始化工作,销毁对象时系统也会自动调

用一个函数来进行清理工作，如调用 delete 释放内存、关闭打开的文件等。这个负责清理工作的函数就是析构函数（Destructor）。

析构函数的函数名是在类名前面加一个波浪线"～"，如：～ClassClock()。析构函数没有返回值、没有参数，不能显式地调用，也不能重载。如果用户没有定义析构函数，那么编译器会自动生成一个默认的析构函数，例如，

```
～ClassClock()
{}
```

### 3.4.4　this 指针

一个类可以有多个类对象。这些类对象有着相同的成员变量和成员函数。对于一个特定的类对象而言，应该如何区分自己的成员和别的对象的成员？换言之，不同类对象之间的边界如何界定？要解决这一问题，就需要用到 this 指针。

this 是 C++ 中的关键字。this 指针是一个常（const）指针，指向当前对象本身。通过 this 指针可以访问当前对象的所有成员。所谓当前对象，也就是调用 this 指针的对象。使用 this 指针可以明确变量的归属，从而解决重名问题。

例如，在为 ClassClock 类编写构造函数时，一位初学者是这样编写的：

```
ClassClock(int m_nHour, int m_nMinute, int m_nSecond, int m_nHourAlarm, int m_nMinuteAlarm)
{
    m_nHour = m_nHour;
    m_nMinute = m_nMinute;
    m_nSecond = m_nSecond;
    m_nHourAlarm = m_nHourAlarm;
    m_nMinuteAlarm = m_nMinuteAlarm;
}
```

从这段代码看，该初学者的思路是正确的，只是出现了重名的变量。在 Visual Studio 和 Qt 中，这段代码可以通过编译，但是运行结果不正确。这是由于编译器无法区分哪个是形参、哪个是类成员变量。要解决这一问题，可以适当修改形参的名称，也可以使用 this 指针。例如，只要在类成员变量前面加上 this 指针作为限定，就能轻松地区分出变量的身份：

```
ClassClock(int m_nHour, int m_nMinute, int m_nSecond, int m_nHourAlarm, int m_nMinuteAlarm)
{
    this -> m_nHour = m_nHour;
    this -> m_nMinute = m_nMinute;
    this -> m_nSecond = m_nSecond;
    this -> m_nHourAlarm = m_nHourAlarm;
    this -> m_nMinuteAlarm = m_nMinuteAlarm;
}
```

由于 this 指针指向对象本身，所以只有在创建对象后才会为 this 指针赋值。这个赋值

的过程是编译器自动完成的,不需要用户干预,用户也不能给 this 指针赋值。this 指针只能在类成员函数内部使用,但不能在 3.4.5 节即将讲到的静态成员函数中使用。

## 3.4.5　静态成员

**1. 静态成员变量**

同一个类的不同对象之间是相互隔离的,占用着不同的内存空间。如果需要在类的多个对象之间共享同一份数据(例如,统计类对象的个数),就可以使用类的静态成员变量。

静态成员变量是一种特殊的成员变量,不属于某个具体的对象,而是属于整个类。它在所有类对象之外开辟内存,所有的类对象都共用这份内存中的数据。即使从未创建过类对象,静态成员变量也是可以访问的。

要定义静态成员变量,需要使用关键字 static,例如,

```
// 示例代码\ch3\ch3 - 8StaticMembers\ClassClock.h
public:
    static int ms_nCount;
```

静态成员变量必须在类的外部初始化。没有初始化的静态成员变量不能使用。静态成员变量的初始化语法类似于全局变量的声明,即

```
type classname::name = value;
```

其中,type 是变量的类型,classname 是类名,name 是静态成员变量名,value 是初始值。下面是示例代码中静态成员的初始化代码。在这段代码中,静态成员变量 ms_nCount 的初始化位于主函数前:

```
// 示例代码\ch3\ch3 - 8StaticMembers\main.cpp
# include < iostream >
# include "ClassClock.h"
using namespace std;
int ClassClock::ms_nCount = 0;          //初始化静态成员变量
int main()
{
    //…
}
```

静态成员变量既可以通过类对象访问,也可以通过类名访问,例如,

```
clock1.ms_nCount = 2;          //通过类对象访问静态成员变量
ClassClock::ms_nCount = 1;     //通过类名访问静态成员变量
```

需要注意的是,静态成员变量的访问权限可以是 private、protected 或 public。但是私有的静态成员变量不能通过类对象访问,也不能通过类名访问,只能通过静态成员函数访问。

### 2．静态成员函数

static 除了可以声明静态成员变量，还可以声明静态成员函数。静态成员函数与普通成员函数的区别在于：普通成员函数可以访问类中的任意成员，但是静态成员函数只能访问静态成员（包括静态成员变量和静态成员函数），不能访问非静态成员。这是因为编译器在编译一个普通成员函数时，会隐式地增加一个形参 this，并把当前对象的地址赋值给 this。所以普通成员函数只能在创建对象后通过对象调用。但是静态成员函数可以通过类名直接调用，编译器不会增加形参 this。因为静态成员函数不需要当前对象的地址，所以不管有没有创建对象都可以调用。在 Qt 编程中经常会用到类的静态成员函数。

作为例子，下面为 ClassClock 类增加一个静态成员函数 getCount()，用于获取静态成员变量 ms_nCount 的值。具体步骤如下：

（1）在类定义中增加静态成员函数 getCount()。

```
// 示例代码\ch3\ch3 - 8StaticMembers\ClassClock.h
public:
    static int ms_nCount;
    static int getCount();          //静态成员函数
```

（2）在 cpp 文件中完成该函数。

```
// 示例代码\ch3\ch3 - 8StaticMembers\ClassClock.cpp
int ClassClock::getCount()
{
    return ms_nCount;
}
```

（3）在主函数中调用该函数。

```
1     // 示例代码\ch3\ch3 - 8StaticMembers\main.cpp
2     # include < iostream >
3     # include "ClassClock.h"
4     using namespace std;
5     int ClassClock:: ms_nCount = 11;                         //初始化静态变量
6     int main()
7     {
8         ClassClock clock1, clock2;
9         clock1.ms_nCount = 11;                               //通过类对象访问
10        cout << "clock1.ms_nCount: " << clock1.ms_nCount << endl; //通过类对象访问
11        cout << "clock2.getCount(): " << clock1.getCount() << endl;//通过静态成员函数访问
12        ClassClock::ms_nCount = 22;                          //通过类名访问
13        cout << "ClassClock:: ms_nCount: " << ClassClock::ms_nCount << endl;
                                                               //通过类名访问
14        return 0;
15    }
```

在代码中，先定义了两个类对象（第 8 行），并通过类对象 clock1 访问静态成员变量（第

9 行和第 10 行)。然后通过类对象 clock2 的静态成员函数访问该静态变量(第 11 行)。最后通过类名实现了静态成员变量的赋值和访问(第 12 行和第 13 行)。程序的运行结果为：

```
clock1.ms_nCount: 11
clock2.getCount(): 11
ClassClock::ms_nCount: 22
```

## 3.5　类的继承和派生

视频讲解

### 3.5.1　继承和派生的概念

在 C++ 中,继承(Inheritance)可以理解为一个类从另一个类获取成员变量和成员函数的过程。例如,类 B 继承于类 A,那么 B 就拥有 A 的成员变量和成员函数。A 被 B 继承,所以 A 称为 B 的"父类"或"基类"。B 继承了 A,所以 B 称为 A 的"子类"或"派生类"。子类除了拥有父类的成员,还可以再增加自己的成员,从而增强类的功能。

派生(Derive)和继承是同一个概念的两个方面。如果说继承是儿子(子类)接受父亲(父类)的"产业"(成员变量和成员函数),那么派生就是父亲(父类)把"产业"(成员变量和成员函数)传承给儿子(子类)。所以"子类"和"父类"相对应,而"基类"和"派生类"相对应。

使用继承的典型场景有:

(1) 当新的类与现有的类相似,只是多出若干成员变量或成员函数时,可以使用继承。这样不但会减少代码量,而且派生类会拥有基类的所有功能。

(2) 当需要创建多个类,且这些类拥有很多相似的成员变量或成员函数时,可以将这些类的共同成员提取出来定义为基类,然后从基类继承。

### 3.5.2　类的 3 种继承方式

前面介绍了 C++ 类成员的 3 种访问权限,即 public、private、protected。在继承时,也有 3 种继承方法,即 public(公有继承)、private(私有继承,默认的继承方式)、protected(受保护的继承)。虽然 3 种继承方法和 3 种访问权限都使用了相同的关键字,但是含义完全不同。3 种访问权限控制着谁能够访问类成员,谁不能访问类成员,而 3 种继承方法则控制着基类成员在派生类中的存在状态。

类的 3 种继承方式和类成员的 3 种访问控制权限是相辅相成的。在类的继承过程中,继承方式和访问控制权限会相互影响,共同决定派生类中各个成员的访问权限。表 3.1 汇总了不同继承方式和不同访问权限的类成员相互作用的结果。例如,当采用 private 继承时,基类中 public 成员的访问权限会收紧到 private。如果采用 public 继承,那么基类 public 成员的权限保持不变。类似地,当采用 private 继承时,基类 private 成员在派生类对象中不能直接访问,但是可以调用基类的公有函数来间接访问。

表 3.1　不同继承方式对不同属性的成员的影响

| 继 承 方 式 | public 成员 | protected 成员 | private 成员 |
|---|---|---|---|
| public 继承 | public | protected | 不可见 |
| protected 继承 | protected | protected | 不可见 |
| private 继承 | private | private | 不可见 |

通过表 3.1 可以总结出如下结论：

（1）基类成员在派生类中的访问权限不高于继承方式指定的权限。例如，当继承方式为 protected 时，那么基类成员在派生类中的访问权限最高为 protected——高于 protected 的会降级为 protected，低于 protected 保持不变。

（2）不管继承方式如何，基类中的 private 成员在派生类中始终不可见。需要注意的是，不可见不代表不存在。在派生类中，基类的 private 成员仍然能被继承下来，也会占用内存空间。

（3）如果希望基类的成员能够被派生类继承并且使用，那么只能将基类成员声明为 public 或 protected。如果希望基类的成员不向外暴露（即不能通过派生类对象访问），但又能在派生类中使用，则要将基类成员声明为 protected 权限。

### 3.5.3　继承和派生的实现

在 C++中，定义派生类的语法为：

```
class 派生类名 : 继承方式 基类名 1, 继承方式 基类名 2, …, 继承方式 基类名 n
{
    派生类成员声明
}
```

一个派生类只有一个基类的情况称为单继承。一个派生类有多个基类的情况称为多继承。单继承可以看作是多继承的特例，多继承可以看作是多个单继承的组合。

下面来看一个单继承的例子。假设将闹钟类 ClassClock 作为基类，希望派生出秒表类 ClassStopwatch。秒表类额外提供了开始计时 startTiming()、停止计时 stopTiming()、清除计时结果 clear()等成员函数，同时还增加了 m_nTiming(保存计时时长)、m_nRunningFlag(秒表运行状态)这两个成员变量。

要实现上述功能，首先要在闹钟类 ClassClock 的基础上新建头文件 ClassStopwatch.h，并在其中完成类的继承。此处采用公有继承，从而保持基类成员的权限不变：

```
// 示例代码\ch3\ch3 - 9Inheritance\ClassStopwatch.h
# include "ClassClock.h"
class ClassStopwatch : public ClassClock
{
private:
```

```
    int m_nTiming;                    //计时时间
    int m_nRunningFlag;               //秒表运行状态

public:
    void startTiming();               //开始计时
    void stopTiming();                //停止计时
    void clear();                     //归零
};
```

同时还要在 ClassStopwatch.cpp 中实现秒表类的成员函数：

```
// 示例代码\ch3\ch3-9Inheritance\ClassStopwatch.cpp
# include "ClassStopwatch.h"
void ClassStopwatch::startTiming()
{
    m_nRunningFlag = 1;
}

void ClassStopwatch::stopTiming()
{
    m_nRunningFlag = 0;
}

void ClassStopwatch::clear()
{
    m_nTiming = 0;
}
```

## 3.5.4　派生类的使用

派生类的使用方法与非派生类的使用方法相同，都是引用头文件并定义类对象，然后对类对象进行操作，例如：

```
1    // 示例代码\ch3\ch3-9Inheritance\main.cpp
2    # include <iostream>
3    # include "ClassStopwatch.h"              //引用头文件
4    using namespace std;
5    int ClassClock::ms_nCount = 0;            //初始化基类的静态成员变量
6    int main()
7    {
8        ClassStopwatch myWatch;               //定义派生类对象
9        myWatch.setTime(12, 0, 0);            //调用基类的公有成员函数
10       myWatch.startTiming();                //调用派生类的公有成员函数
11       ClassClock::ms_nCount = 2;            //通过基类名访问基类静态成员变量
12       cout << "myWatch.ms_nCount:" << myWatch.ms_nCount << endl;
                                               //访问基类静态成员变量
13       ClassStopwatch::ms_nCount = 5;        //通过派生类名访问基类静态成员变量
```

```
14      cout << "myWatch.getCount():" << myWatch.getCount() << endl; //访问基类静态成员函数
15      return 0;
16  }
```

程序的运行结果为：

```
myWatch.ms_nCount:2
myWatch.getCount():5
```

从这个例子可以看到，基类的公有成员函数在经过公有继承以后，仍可以通过子类访问，并且使用起来与子类的成员函数没有任何差异。但是如果将继承方式改为私有继承，则基类所有的私有成员都不能访问了。在这种情况下，代码的第 9 行、第 12～14 行都无法运行。

## ▰ 3.6  本章小结 ◆

本章根据后续章节的需要介绍了 C++ 相对于 C 的一些新功能和新特性，方便没有 C++ 基础的读者学习后面的内容。受篇幅限制，本章只讨论了 C++ 的基础内容。在学习完本章的内容后，可以继续学习 C++ 的其他功能和特性，如运算符重载、友元、引用、异常、Lambda 表达式等，也可以将本章介绍的 C++ 和自己熟悉的编程语言进行对比，找出异同点，思考背后的原因。

# 第4章

CHAPTER 4

# Qt控件的使用和GUI程序设计基础

从本章开始逐一讲解 Qt 编程的核心功能,同时以一个简易气象站程序作为例子,从工程实践的角度展示程序迭代升级、不断完善的过程。

本章是讲解 Qt 核心功能的起点,主要讲解了 Qt 常用控件、Qt 常用数据类型、qDebug()调试函数 3 部分知识。通过这 3 部分知识的学习,可以掌握程序 GUI 界面的设计方法,初步掌握 Qt 数据处理尤其是硬件数据处理和调试的思路,从而在程序设计上少走弯路。

本章的实践案例部分主要完成简易气象站的 V0.1 版,其具体功能包括:

(1) 使用系统自带控件完成程序界面设计。

(2) 为程序增加生成模拟数据的功能,使程序在不连接硬件的情况下生成并显示数据。

 **4.1 基础知识**

## 4.1.1 Qt 自带控件的使用

视频讲解

控件是可以放置在窗体上的可视化图形"元件"。在编写具有图形用户界面(Graphical User Interface,GUI)的程序时,控件是必不可少的。图 4.1 是 Windows 10 系统记事本的"另存为"对话框,含有文本框、标签、下拉列表、按钮等多种控件。通过合理地设置控件,可以大大提高用户操作的效率。

**图 4.1 Windows 10 系统记事本的"另存为"对话框**

Qt 自带了多种常用的控件。这些控件也是通过类来实现的。每个控件都有自己的成员变量,用来保存控件的属性。每个控件也都有自己的成员函数,用来完成特定的操作。下面选取 Qt 中较为常用的控件进行讲解。由于 Qt 控件有着统一、清晰的设计思路,读者可以在实际应用中举一反三,探索其他控件的使用方法。

**1. 按钮**

按钮是最常用的控件之一。在 Qt Creator 中,按钮(Push Button)控件位于控件列表的 Buttons 分组下,如图 4.2 所示。

图 4.2　按钮控件的位置和按钮控件示例

1) 按钮的常用属性

控件的属性控制着控件的外观和行为。要修改控件的属性,既可以在控件属性区进行修改,也可以调用控件类的成员函数。如图 4.3 所示,按钮常用的属性有:

- objectName——控件的名称。同一窗口内的所有控件不能重名。例如,界面上有一个按钮,其名称为 pushButton,那么在代码中可以使用 ui->pushButton 指代该按钮。其中 ui 指控件所处的窗口。

- enabled——按钮是否处于工作状态,默认选中。如果取消选中,则按钮呈灰色,无法响应用户的操作。

- geometry——按钮的位置和大小。该属性由 4 个值构成,分别为控件左上角的 X、Y 坐标和控件的宽度、高度。

- text——按钮的文字内容。修改该属性可以调整按钮显示的文字。也可以在设计界面直接双击按钮进入编辑状态,从而直接修改按钮文字。

- checkable——按钮是否可以保持按下的状态,默认状态是未勾选。如果选中,那么用鼠标单击按钮后,按钮会保持按下的状态,直到再次单击按钮才会弹起。

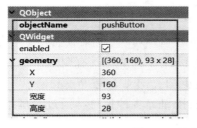 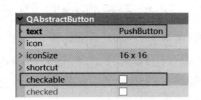

图 4.3　按钮控件的属性

虽然不同类型的控件都有自己独特的属性,但是像 objectName、geometry 等属性是几乎所有控件都具有的。后面不再讲解其他控件的这几个属性。

2) 按钮的常用函数

- void setText(const QString &)

设置按钮的文字内容(即设置 text 属性的值)。假设按钮的名称为 pushButton,可以用下列代码将按钮的文字修改为"确定":

```
ui->pushButton->setText("确定");
```

- QString text()

读取按钮的文字,并作为返回值返回。例如,可以通过下列代码将按钮的文字保存到 QString 类型的变量 str 中:

```
QString str = ui->pushButton->text();
```

QString 是 Qt 的字符串类型,将在本章后续部分进行讲解。

- void setEnabled(bool)

设置按钮是否处于工作状态。可以使用该函数禁用/启用按钮,例如:

```
ui->pushButton->setEnabled(false);      //禁用按钮,不可用鼠标操作
ui->pushButton->setEnabled(true);       //启用按钮,可以用鼠标操作
```

3) 按钮槽函数的使用

除了上面介绍的按钮的成员函数外,按钮还有一个最重要的特性——槽函数。当用户单击按钮后,往往希望程序能够执行一些操作。按钮的槽函数就是用来响应用户操作的函数。下面通过一个例子讲解按钮槽函数的使用。本书的配套资源提供了这个例子的代码,具体位置为"示例代码\ch4\ch4-1ButtonSlot\"。双击代码中的 ButtonSlot.pro 文件打开该工程,然后使用重新构建功能对工程做一次完整编译即可。

图 4.4 是本例的程序界面。界面中只有一个按钮控件(其控件名为 PushButton)。此处希望单击按钮后将按钮的文字设置为"Hello!"。

要实现这样的功能,首先要打开按钮的槽函数。操作方法为:右击按钮控件,在弹出的菜单中单击"转到槽",从而打开"转到槽"对话框,如图 4.5 所示。

图 4.4　带有一个按钮的程序界面

"转到槽"对话框中列出了按钮能够响应的操作。这里选择 clicked()(即单击),然后单击 OK 按钮。Qt Creator 会自动生成并跳转到按钮的槽函数编辑界面,如图 4.6 所示。

然后在槽函数内输入下列代码即可实现需要的功能:

```
ui->pushButton->setText("Hello!");
```

图 4.7 给出了单击按钮前后程序的状态。可以看到,单击后按钮的内容变为"Hello!"。这就是按钮槽函数的基本用法。

实际上,槽函数是 Qt 的核心功能之一。Qt 自带的所有控件都有自己的槽函数,但是上述使用槽函数的方法对所有的控件都是通用的。关于槽函数的内容将在第 6 章进行详细讲解。

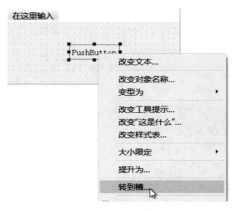 

(a) 按钮控件的右键菜单　　　　　　　　(b) 按钮控件的"转到槽"对话框

**图 4.5　打开按钮的"转到槽"对话框**

```
void MainWindow::on_pushButton_clicked()
{
    |
}
```

**图 4.6　系统自动为按钮生成的槽函数**

(a) 单击按钮前的界面状态　　　　　　(b) 单击按钮后的界面状态

**图 4.7　按钮槽函数示例程序的运行结果**

**2. 标签**

标签的功能是显示文本、图片、超链接或动画等。在程序运行过程中，通常不能直接修改标签中的文字。标签（Label）控件位于控件列表的 Display Widgets 分组下，如图 4.8 所示。

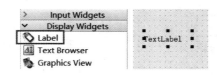

**图 4.8　标签控件的位置和标签控件示例**

1）标签控件的常用属性

标签控件的属性有很多，其中大多数都与内容显示效果有关。如图 4.9 所示，标签控件常用的属性有：

- font——标签文字的字体。
- text——标签显示的文字。要更改标签的文字,除了修改这个属性外,还可以直接在设计界面双击标签进行修改。
- pixmap——在标签上显示一幅图片。该属性与 text 属性互斥。
- scaleContents——自动缩放图片大小,从而让图片填充满整个标签。
- alignment——标签文字的对齐方式,有水平居中、水平居左、垂直居中等多个选项。

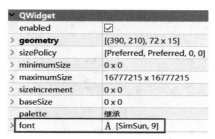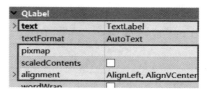

图 4.9  标签控件的常用属性

2)标签的常用函数
- void setText(const QString &)

设置标签文本。例如,要将标签(控件名为 label)的文本修改为"标签 1",可以通过下列代码进行:

```
ui->label->setText("标签1");
```

- void clear()

清除标签的文本。

- QString text()

读取标签显示的文本,并作为函数返回值返回。

- void setPixmap(const QPixmap &)

通过标签显示一幅图片。此时需要通过 QPixmap 类读取事先准备好的图片文件,然后将 QPixmap 类对象作为参数传递给 setPixmap()函数。

3)使用标签显示图片

此处以一个例子演示如何通过标签显示图片(参见示例代码\ch4\ch4-2QPixmap\)。如图 4.10 所示,程序主界面含有一个按钮(控件名为 PushButton)和一个标签(控件名为 label),同时工程里存放着图片 0.png(相对路径为./0.png)。用户单击按钮后,在标签中会显示图片 0.png。

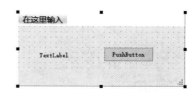

图 4.10  使用标签显示图片的演示程序界面

要实现这个功能,需要将按钮的槽函数修改

如下：

```
void MainWindow::on_pushButton_clicked()
{
    QPixmap pix("./0.png");          //通过 QPixmap 类读取图片文件
    ui -> label -> setPixmap(pix);   //显示图片
}
```

然后将标签的 scaleContents 属性选中。运行程序，单击按钮后就会在标签中显示出图片，如图 4.11 所示。

(a) 单击按钮前的界面状态

(b) 单击按钮后的界面状态

**图 4.11 通过标签显示图片示例程序的运行结果**

**3. 文本框**

文本框允许用户输入一行文字，从而实现简单的交互。文本框（Line Edit）控件位于控件列表的 Input Widgets 分组下，如图 4.12 所示。

1）文本框的常用属性

如图 4.13 所示，文本框常用的属性有：

- text——文本框中显示的文字。也可以在设计界面双击文本框控件直接修改其内容。
- echoMode——文本内容的显示形式。若设置为 Password，则会用系统默认的密码掩码字符（如圆点）代替文本内容。
- alignment——文本对齐方式，包括左对齐、居中、右对齐等。
- placeholderText——文本框中的占位提示信息。当文本为空时，提示信息以灰色显示在文本框内。当用户输入字符后，提示信息自动隐藏。

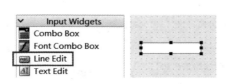

**图 4.12 文本框控件的位置和示例**

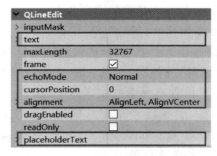

**图 4.13 文本框控件的常用属性**

2）文本框的常用函数

• QString text()

读取文本框内的内容并作为返回值返回。

• void setText(const QString &)

设置文本框的内容。

• void clear()

清除文本框中的内容。

text()函数和 setText()函数是文本框最常用的函数。假设界面上有一个名为 lineEdit 的文本框,那么可以通过下列代码读取和修改文本框的内容:

```
QString str = ui->lineEdit->text();          //将文本框的内容保存到变量 str 中
ui->lineEdit->setText("Hello");              //将文本框的内容修改为 Hello
```

**4. 多行文本框**

多行文本框不但可以编辑多行文本,还可以用来显示 HTML 文档、图像、表格等内容。当多行文本框的内容过多,超出了显示范围时,还会显示水平和垂直滚动条。多行文本框（Text Edit）控件位于控件列表的 Input Widgets 分组下,如图 4.14 所示。

1）多行文本框的常用属性

多行文本框除了能够显示纯文本,还能显示富文本（Rich Text）。如图 4.15 所示,多行文本框的常用属性包括:

• readOnly——多行文本框的内容是否为只读状态。当勾选时,只能浏览、复制文本,但是不能修改。

• markdown 和 html——分别用 markdown 和 html 两种格式存储多行文本框的内容。

• acceptRichText——是否接受富文本,默认勾选。此时不仅可以输入纯文本,还可以输入 HTML 文档、图像、表格等内容。

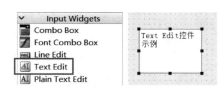

图 4.14  多行文本框控件的位置和示例

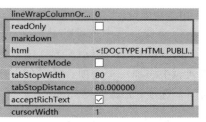

图 4.15  多行文本框控件的常用属性

2）多行文本框的常用函数

• void append(const QString &text)

在多行文本框的内容末尾追加内容。

• QString toPlainText()

读取多行文本框内的文本并转换为纯文本。

- void clear()

清空多行文本框的内容。

**5. 组合框**

组合框提供了一个下拉列表，可以提供有限的几个选项供用户选择。组合框（Combo Box）控件位于控件列表的 Input Widgets 分组下，如图 4.16 所示。

1）组合框的常用属性

组合框通常表现为下拉列表，因此其常用属性多与下拉列表相关。如图 4.17 所示，组合框的常用属性有：

- editable——文本是否可以编辑，默认不勾选。默认状态下，只能从下拉列表中选择已有的条目。如果勾选上，那么既可以选择已有的条目，也可以根据需要输入其他内容。
- currentText——当前选中条目的文字。例如在图 4.16 中，当前选中的文本为 Item 1。
- currentIndex——当前选中文本的序号，从 0 开始计算。

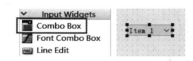

图 4.16　组合框控件的位置和示例

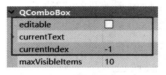

图 4.17　组合框控件的常用属性

2）组合框的常用函数

- QString currentText()

返回下拉列表框中当前选中的文本。

- int currentIndex()

返回当前列表框中选中项的序号。

- int count()

返回当前列表框中选项的总数量。

- void addItem(const QString &text)

向列表中添加一个选项。通过如下代码可以向空白的组合框中添加两个选项，如图 4.18 所示。

图 4.18　使用 addItem()
函数向组合框
中添加选项

```
ui->comboBox->addItem("Item 1");
ui->comboBox->addItem("Item 2");
```

- void removeItem(int index)

从组合框中移除索引 index 处的选项。如果 index 超出范围，该函数不执行任何操作。

在设计界面时，也可以预先为组合框设定好内容。只需要双击组合框控件，打开"编辑组合框"窗口,如图4.19所示。使用窗口左下角的添加 、删除 、上移 、下移  按钮可以直接进行设计。

**6. 滑动条**

滑动条可以通过鼠标进行拖动和单击来改变滑块的位置,分为水平滑动条与垂直滑动条两种形式。滑动条(Slider)控件位于控件列表的 Input Widgets 分组下,如图4.20所示。

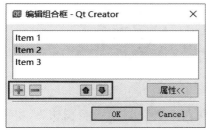

图4.19 组合框控件的编辑窗口

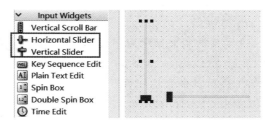

图4.20 滑动条控件的位置和示例

1)滑动条的常用属性

滑动条常用于在一定范围内调整程序参数的取值,因而其大部分常用的属性都与范围相关。如图4.21所示,滑动条的常用属性有:

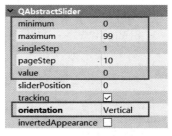

图4.21 滑动条控件的属性

- minimum——滑动范围的最小值。
- maximum——滑动范围的最大值。
- singleStep——用鼠标拖动滑块时,滑块位置的变化步长。
- pageStep——用鼠标单击滑动条时,滑块位置的变化步长。
- value——滑块默认所处的位置,应介于最大值和最小值之间。
- orientation——滑动条的方向,包括水平(Horizontal)和垂直(Vertical)两种。

2)滑动条的常用函数

- void setMaximum(int)

设置滑动范围的最大值。

- void setMinxium(int)

设置滑动范围的最小值。

- void setValue(int)

设置滑块所处的位置。

- int value()

读取滑块所处的位置。

例如,下列代码将滑动条(控件名为 horizontalSlider)的最小值设为0,最大值设为100,滑块位置设为55:

```
ui -> horizontalSlider -> setMinimum(0);
ui -> horizontalSlider -> setMaximum(100);
ui -> horizontalSlider -> setValue(55);
```

当滑块的位置改变时，可以用 value() 函数读取滑块的新位置：

```
int val = ui -> horizontalSlider -> value();
```

### 7. 进度条

进度条常用来显示程序运行的进度或某个量的范围。进度条（Progress Bar）控件位于控件列表的 Display Widgets 分组下，如图 4.22 所示。

1）进度条的常用属性

如图 4.23 所示，进度条的常用属性与滑动条的常用属性类似，主要与范围相关，如：

- minimum——进度的最小值。
- maximum——进度的最大值。
- value——当前的进度值。
- orientation——进度条的方向，有水平（Horizontal）和垂直（Vertical）两种。默认情况下，只有水平进度条会显示进度数值，如图 4.22 所示。

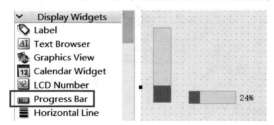

图 4.22　进度条控件的位置和示例　　　　　图 4.23　进度条控件的属性

2）进度条的常用函数

- void setMinimum(int minimum)

设置进度条范围的最小值。

- void setMaximum(int maximum)

设置进度条范围的最大值。

- void setValue (int value)

设置当前的进度值。

- int value()

读取当前的进度值，并作为函数的返回值返回。

例如，假设界面上有一个名为 progressBar 的进度条，可以通过下列代码将该进度条的最小值设为 0，最大值设为 100，进度设为 55：

```
ui -> progressBar -> setMinimum(0);
ui -> progressBar -> setMaximum(100);
ui -> progressBar -> setValue(55);
```

**8. 分组框**

分组框是一种能对多个控件进行编组的容器,可以用于将界面划分为不同的区域。分组框(Group Box)控件位于控件列表的 Containers 分组下,如图 4.24 所示。

分组框具有标题,内部也可以放置各种控件。图 4.25 是使用鼠标将文本框拖放到分组框上方时的截图。此时分组框的底色会加深。松开鼠标左键就可以将文本框控件放置在分组框内部。当分组框内部放置了控件后,分组框就成为控件的父控件。

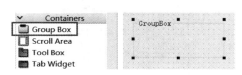

图 4.24 分组框控件的位置和分组框控件示例 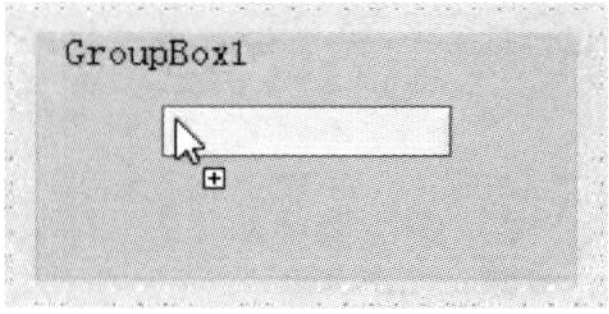　　图 4.25 通过鼠标将控件放置在分组框内

1) 分组框的常用属性

如图 4.26 所示,分组框的常用属性有:

- title——分组框的标题。
- alignment——分组框的标题对齐方式,如左对齐、居中或右对齐。
- checkable——启用该选项后,会在分组框标题前面增加一个复选框。只有当复选框处于选中状态时,分组框内部的组件才可以与用户交互,如图 4.27 所示。
- checked——复选框的选中状态。

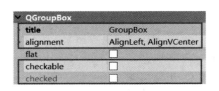

图 4.26 分组框控件的常用属性 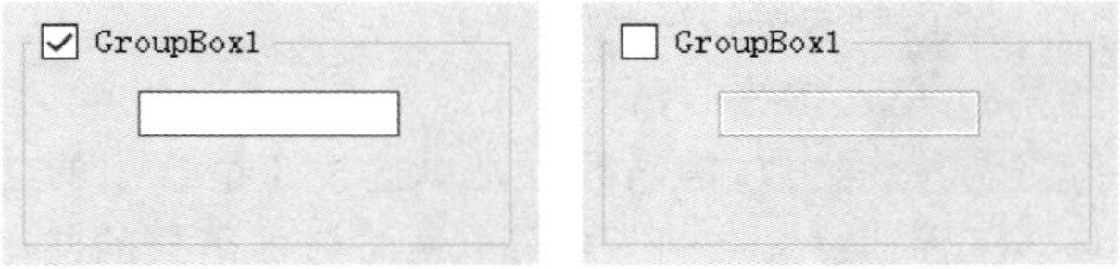　　(a) 选中状态　　(b) 未选中状态

图 4.27 通过复选框控制分组框内部控件的状态

2) 分组框的常用函数

- void setTitle(const QString & title)

设置分组框的标题。

- bool isChecked()

获取复选框的状态,true 代表处于选中状态,false 代表处于未选中状态。

**9. 单选按钮**

单选按钮可以提供由两个或多个互斥选项组成的选项集。当选项集中某一个单选按钮被选中时,其他单选按钮会自动变成未选中状态。如果分组框内外各有多个单选按钮,则分组框内部的单选按钮互斥，分组框外部的单选按钮互斥。单选按钮（Radio Button）控件位于控件列表的 Buttons 分组下，如图 4.28 所示。

1）单选按钮的常用属性

如图 4.29 所示，单选按钮常用的属性有：

- text——单选按钮的文本。
- checkable——单选按钮是否可以选中。如果该选项为假，那么无论用户如何操作，单选按钮都会保持未选中状态。
- checked——单选按钮是否处于选中状态。勾选该选项，单选按钮处于选中状态；取消勾选该选项，单选按钮为未选中状态。

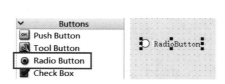

图 4.28　单选按钮控件的位置和示例

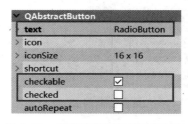

图 4.29　单选按钮控件的常用属性

2）单选按钮的常用函数

- void setText(const QString &)

设置单选按钮的文本内容。

- bool isChecked()

判断单选按钮是否处于选中状态。

- void setChecked(bool)

设置单选按钮的选中状态。

3）单选按钮的槽函数

与按钮类似，槽函数也是单选按钮最常用的功能之一。下面通过一个例子介绍单选按钮槽函数的使用方法（见示例代码\ch4\ch4-3RadioButtonSlot\）。如图 4.30 所示，主界面上有两个互斥的单选按钮（控件名分别为 radioButton1、radioButton2）和一个标签（控件名为 label）。本例要实现的功能是，当用户单击 radioButton1

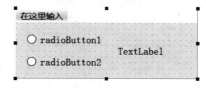

图 4.30　单选按钮控件槽函数
示例程序的界面

时，标签显示 radioButton1；当用户单击 radioButton2 时，标签显示 radioButton2。要实现这个功能，需要在 radioButton1 的槽函数 on_radioButton1_clicked() 中添加代码：

```
ui->label->setText("radioButton1");
```

同时，在 radioButton2 的槽函数 on_radioButton2_clicked() 中添加代码：

```
ui->label->setText("radioButton2");
```

图 4.31 是程序的运行结果。首先单击 radioButton1,标签显示的内容从 TextLabel 变为 radioButton1;然后单击 radioButton2,标签显示的内容变为 radioButton2。

(a) 选中radioButton1

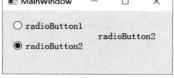
(b) 选中radioButton2

图 4.31　单选按钮控件槽函数示例程序的运行结果

## 4.1.2　Qt 特有的数据类型

视频讲解

Qt 不仅可以使用 C/C++ 中的数据类型,还提供了一些特有的数据类型,如字节数组(QByteArray)、字符串(QString)、链表(QLis<T>)、堆栈(QStack)、队列(QQueue)等。使用这些 Qt 特有的数据类型可以有效地提高编程效率。下面介绍其中 3 种常用的数据类型。

**1. 字节数组(QByteArray)**

QByteArray 可以存储 ASCII 码和传统的以 '\0' 结尾的字符串。使用 Qt 处理气象站硬件模块的测量数据时,就要将测量数据保存在 QByteArray 中。QByteArray 的常用操作包括变量的初始化、访问单个元素、修改数组内容等。

(1)变量定义和初始化。

在定义 QByteArray 变量时,可以使用字符串常量进行初始化,也可以用另一个 QByteArray 变量进行赋值,例如:

```
QByteArray array1("Hello");        //使用字符串常量初始化
QByteArray array2 = array1;        //使用另一个字节数组变量初始化
```

在编程操作硬件的过程中,经常会将一组十六进制数(如 Modbus 协议的问询帧)存储在 QByteArray 类对象中。此时可以先将十六进制数存放在 char 型数组中,然后调用 QByteArray 类的构造函数进行转换,例如:

```
char cRequest[8] = {'\x01', '\x03', '\x00', '\x00', '\x00', '\x02', '\xC4', '\x0B'};
                                            //Qt 中十六进制数可以用\x 开头
QByteArray requestFrame1 = QByteArray(cRequest, 8);    //8 是要转换的字符数
```

除了这种方法,还可以使用 QByteArray 类的静态成员函数 fromHex() 将十六进制数据转换为 QByteArray 对象,例如:

```
QByteArray requestFrame2 = QByteArray::fromHex("010300000002C40B");
```

（2）访问单个元素。

与普通数组一样，QByteArray 支持通过下标访问单个元素（下标从 0 开始）。例如，在下面的代码中，首先定义了字符数组 array3，然后通过下标访问了单个元素。

```
QByteArray array3("Hello");
array3[0] = 'h';                //字符串内容变为"hello"
array3[1] = array3[2];          //字符串内容变为"hlllo"
```

QByteArray 类还提供了 at()函数实现对单个元素的只读访问（不能修改元素值），例如：

```
array3[3] = array3.at(4);       //字符串内容变为"hlloo"
```

（3）提取多个字节的数据。

QByteArray 类提供了 left(int len)、right(int len)、mid(int index，int len)等函数来提取字符串左侧、右侧、中间的多个字符，例如：

```
QByteArray array4("Hello");
QByteArray left2 = array4.left(2);     // left2 的值为"He"
QByteArray right2 = array4.right(2);   // right2 的值为"lo"
QByteArray mid3 = array4.mid(2,3);     // mid3 的值为"llo".2 为起始下标,3 为提取的长度
```

（4）字符串的增、删、改。

QByteArray 类提供了增删字符串的各种函数，包括：

• QByteArray & append(QByteArray & ba)

在字符串后追加内容。参数为新追加的内容。

• QByteArray & prepend(QByteArray & ba)

在字符串前增加内容。参数为新增加的内容。

• QByteArray & insert(int i, QByteArray & ba)

在字符串任意位置插入内容。参数 i 为插入点的下标，参数 ba 是新插入的内容。

• QByteArray & replace(QByteArray &before，QByteArray &after)

替换字符串的内容。参数 before 是将要被替换掉的旧内容，after 是新的内容。

• QByteArray & remove(int pos，int len)

删除字符串的内容。参数 pos 是起点的坐标，参数 len 是删除数据的长度。

上面提到的函数都有多个重载形式。Qt Creator 的帮助文件对不同的重载形式进行了详细介绍。此处通过一个例子来展示这些函数的基本用法：

```
QByteArray array5 = "Two";
QByteArray array6 = "Four";

array5.append(array6);          // array5 为"TwoFour"
array5.prepend("One");          // array5 为"OneTwoFour"
```

```
array5.insert(6, "Three");              // array5 为"OneTwoThreeFour"
array5.replace("One", "ONE!!");         // array5 为"ONE!!TwoThreeFour"
array5.remove(3, 2);                    // array5 为"ONETwoThreeFour"
```

### 2. 字符串（QString）

QString 可以存储 Unicode 编码的字符串，也可以存储非 ASCII、非 Latin 字符。QString 类的使用与 QByteArray 类非常类似，也提供了 left()、right()、mid()、append()、prepend()、insert()、replace()、remove() 等函数，而且用法和参数均与 QByteArray 类相同。QString 对象也可以通过下标或者 at() 函数实现单个元素的访问。

例如，可以用 QString 实现前面字符串增、删、改的功能：

```
QString str1 = "Two";
QString str2 = "Four";
str1.append(str2);                      //str1 为"TwoFour"
str1.prepend("One");                    //str1 为"OneTwoFour"
str1.insert(6, "Three");                //str1 为"OneTwoThreeFour"
str1.replace("One", "ONE!!");           //str1 为"ONE!!TwoThreeFour"
str1.remove(3, 2);                      //str1 为"ONETwoThreeFour"
```

除了上述字符串操作外，QString 还能实现类似 C 语言中 sprintf() 函数的功能。假设 int 型变量 temp 和 hum 分别存储着温度和湿度数据（分别为 15 和 45），现在希望按照下列格式生成字符串：

当前温度:15℃,当前湿度 45％RH

在 C 语言中，可以使用 sprintf() 函数实现，例如：

```
char cStr[40];
sprintf(cStr, "当前温度:%d℃,当前湿度%d%RH\n", temp, hum);
```

如果使用 QString 类，可以采用类的 arg() 函数实现：

```
QString str3 = QString("当前温度:%1℃,当前湿度%2%RH").arg(temp).arg(hum);
```

％1、％2 类似于 sprintf() 函数的格式控制字符串（如％d），代表此处将被其他数据替换。两个 arg() 函数中的内容用于替换％1、％2 的内容。arg() 函数可以自动判断数据的类型，不需要像 sprintf() 函数那样明确指出数据类型。

此外，arg() 函数有多种重载形式，可以方便地对数据进行格式化，如指定数字的位数：

```
float num1 = 4.3, num2 = 10.345678;
QString str4 = QString("%1").arg(num1, 6);       //保留 6 位数字
QString str5 = QString("%1").arg(num2, 6);       //保留 6 位数字
```

由于 num1 只有两位数字，因此字符串 qStr4 的内容为＿＿4.3（每个下画线代表一个

空格)。由于 num2 有 7 位数字,但是格式化输出时指定了 6 位小数,因此会进行四舍五入。
最终字符串 str5 的内容为 10.3457。

此外,QString 类还提供了静态成员函数 number(),用于将数字转换为字符串,例如:

```
float num3 = 3.1415;
QString str6 = QString::number(num3);
```

### 3. 链表(QList < T >)

QList < T >是链表的模板类。作为一种容器(Container),QList < T >能以链表的形式
存储一组数据。链表支持对数据进行索引、插入、删除等操作,也支持使用<<操作符向链表
中添加元素。例如,下面的代码可以新建一个存储 QString 对象的链表,并向该链表增加 3
个字符串:

```
QList < QString > list;
list << "ONE" << "TWO" << "THREE";
```

QList 类提供了一系列添加、移动、删除元素的操作,如 insert()、replace()、removeAt()、
append()、prepend()、removeFirst()、removeLast()等。这些函数的使用方法与前面两部分讲
到的函数类似,使用时如果遇到问题可以查阅相关帮助文档。

链表可以使用 foreach 语句进行遍历。foreach 语句的格式为:

```
foreach(var, container)
```

其中,var 代表遍历过程中从链表提取出的单个节点,container 代表链表。在下面的代码
中,首先定义了一个存储 QString 变量的链表 list,然后通过 foreach 语句进行遍历,从而输
出链表中的每一个节点:

```
QList < QString > list;
list << "ONE" << "TWO" << "THREE";

foreach (QString str, list)
{
    cout << str << endl;
}
```

程序的运行结果为:

```
ONE
TWO
THREE
```

## 4.1.3　调试函数 qDebug()的使用

嵌入式程序往往在 PC 上进行开发,在嵌入式硬件上运行。在这种情况下难以使用

IDE 的调试工具进行联机调试，只能通过打印日志的方式记录程序的运行状态。在 C 语言中常用 printf() 函数打印日志。在 Qt 中可以使用更加强大的 qDebug() 函数。使用 qDebug() 函数要引用头文件：

```
# include < QDebug >
```

使用 qDebug() 函数输出日志信息时有两种方法。第一种是仿照 printf() 函数的语法使用 qDebug() 函数，例如：

```
int num = 123;
qDebug("num is % d", num);
float Pi = 3.14;
qDebug("Pi is % 2.1f", Pi);
char str[ ] = "Hello";
qDebug("str is % s", str);
```

这段代码的运行结果为：

```
num is 123
Pi is 3.1                        //按照代码中的格式控制字符串 % 2.1f 输出
str is Hello
```

第二种是仿照 cout 流的形式使用 qDebug() 函数，例如：

```
int num = 123;
qDebug()<<"num is "<< num;
float Pi = 3.14;
qDebug()<<"Pi is "<< Pi;
char str[ ] = "Hello";
qDebug()<<"str is "<< str;
```

代码的运行结果是：

```
num is 123
Pi is 3.14
str is Hello
```

当仿照 cout 流的形式使用 qDebug() 时，不能使用其格式化输出的功能。

在完成程序调试后，代码中的 qDebug() 语句便失去了意义。这时可以在工程的 .pro 文件中加入以下代码来禁用工程内所有的 qDebug() 函数：

```
DEFINES  +=  QT_NO_DEBUG_OUTPUT
```

如果要重新启用 qDebug() 函数，只要在 .pro 文件中删除或注释这一行即可。

视频讲解

# 4.2 实践案例：简易气象站程序 V0.1 的实现 ◆

在学习了 Qt 的控件和数据类型的使用方法后，就可以开始编写程序了。本书以一个简易气象站程序为例对所学知识进行应用。随着对新知识的不断学习，气象站程序也会逐渐完善。本书的配套代码中包含了各个版本的气象站程序代码。

## 4.2.1 程序整体规划

在具体编写程序之前，不妨先介绍一下气象站程序的整体规划。最终完成的气象站程序希望包括如下功能。

（1）通过串口读取 GY-39 气象信息模块和 PR-3000 风速风向模块的数据，并显示在界面上。

（2）能自动定时读取数据、手动读取数据，也能让用户手动输入数据。

（3）具有历史数据功能，能通过曲线展示一段时间内的历史数据。

（4）具有报警功能，当数据的值超过报警阈值时进行报警。

（5）具有网络通信功能，能通过 HTTP 或 TCP 将读取的数据发送到中国移动 OneNET 物联网开放平台。

（6）能使用配置文件存储程序的各项参数。

图 4.32 是从数据处理流程对程序功能进行分解后得到的结果。整个程序可以分为 3 部分，即数据获取、数据处理、数据应用。其中数据获取部分负责从不同的来源收集数据。数据处理部分负责将收集的原始数据处理成具体数值。数据应用部分则根据数据完成界面更新、报警、网络通信等功能。

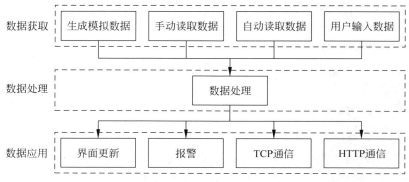

图 4.32 简易气象站程序数据处理流程

本章作为程序设计的起点，首先完成程序界面的设计和生成模拟数据功能。

## 4.2.2 程序界面设计

图 4.33 是 V0.1 版程序的界面。整个界面可以分为 5 个部分——①串口操作区、

②工作模式区、③气象信息显示区、④报警和网络通信区、⑤日志区。程序界面包含大量的控件。其中有些控件用于显示固定的提示信息（如串口操作区的提示文字"气象信息串口："），不与用户进行交互；有些控件会响应用户的操作或显示数据（如按钮、显示结果的标签等）。本书将后者称为关键控件。下面只对关键控件的信息进行介绍。

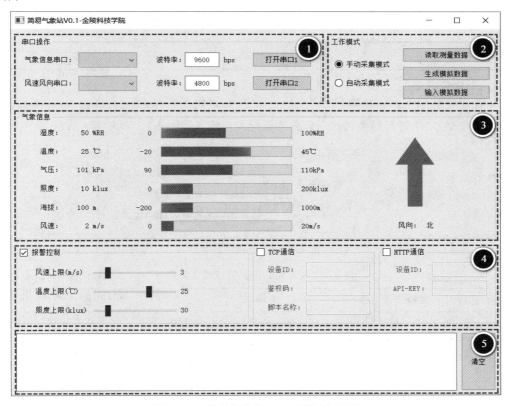

图 4.33　简易气象站 V0.1 版程序界面

**1. 串口操作区**

串口操作区用于控制串口的工作状态，包括 COM 口选择、波特率设定、打开/关闭串口等。这一部分的关键控件信息如图 4.34 和表 4.1 所示。

图 4.34　串口操作区界面

表 4.1　串口操作区关键控件详细信息

| 编　号 | 关键控件名称 | 控件类型 | 功　　能 |
|---|---|---|---|
| 1 | comboBoxUart1 | Combo Box | 选择 GY-39 模块使用的串口 |
| 2 | comboBoxUart2 | Combo Box | 选择 PR-3000 风速风向模块使用的串口 |
| 3 | lineEditBaudRate1 | Line Edit | 输入 GY-39 模块使用的波特率，默认值为 9600bps |
| 4 | lineEditBaudRate2 | Line Edit | 输入 PR-3000 风速风向模块使用的波特率，默认值为 4800bps |
| 5 | pushButtonOpenUart1 | Push Button | 打开/关闭 GY-39 模块使用的串口 |
| 6 | pushButtonOpenUart2 | Push Button | 打开/关闭 PR-3000 风速风向模块使用的串口 |

### 2. 工作模式区

工作模式区用于在不同采集模式（自动、手动）和不同数据来源（模拟数据、硬件测量数据、用户输入数据）之间进行切换。这一部分的关键控件信息如图 4.35 和表 4.2 所示。

图 4.35　工作模式区界面

表 4.2　工作模式区关键控件详细信息

| 编　号 | 关键控件名称 | 控件类型 | 功　　能 |
|---|---|---|---|
| 1 | radioButtonManualMode | Radio Button | 切换自动采集模式和手动采集模式，有且必须只有一个处于选中状态 |
| 2 | radioButtonAutoMode | Radio Button | |
| 3 | pushButtonGetHardwareData | Push Button | 从硬件读取一组数据 |
| 4 | pushButtonGetRandomData | Push Button | 使用随机数发生器产生一组数据 |
| 5 | pushButtonGetInputData | Push Button | 允许用户输入一组数据 |

当程序处于自动采集模式时，会每隔 2s 从硬件读取一组数据并进行处理。当处于手动采集模式时，可以根据用户的操作从以下 3 种数据来源中选择一种并进行处理。

（1）单击"读取测量数据"按钮后，程序会从硬件读取一组测量数据并进行处理。

（2）单击"生成模拟数据"按钮后，程序会使用随机数发生器产生一组合理的数据并进行处理。

（3）单击"输入模拟数据"按钮后，程序会弹出对话框。输入想要的数据后，程序进行处理。

### 3. 气象信息显示区

气象信息显示区使用标签显示各种气象数据，同时使用进度条显示测量结果和上下限之间的关系。风向则采用文字和箭头的形式显示。这一区域的关键控件信息如图 4.36 和表 4.3 所示。

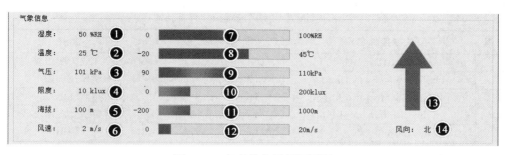

图 4.36  气象信息显示区界面

表 4.3  气象信息显示区关键控件详细信息

| 编　号 | 关键控件名称 | 控件类型 | 功　　能 |
|---|---|---|---|
| 1 | labelHumidity | Label | 显示湿度数值 |
| 2 | labelTemperature | Label | 显示温度数值 |
| 3 | labelPressure | Label | 显示气压数值 |
| 4 | labelIllumination | Label | 显示照度数值 |
| 5 | labelAltitude | Label | 显示海拔高度数值 |
| 6 | labelWindSpeed | Label | 显示风速数值 |
| 7 | progressBarHumidity | Progress Bar | 显示湿度条 |
| 8 | progressBarTemperature | Progress Bar | 显示温度条 |
| 9 | progressBarPressure | Progress Bar | 显示气压条 |
| 10 | progressBarIllumination | Progress Bar | 显示照度条 |
| 11 | progressBarAltitude | Progress Bar | 显示海拔高度条 |
| 12 | progressBarWindSpeed | Progress Bar | 显示风速条 |
| 13 | labelWindDirection | Label | 显示风向文字 |
| 14 | labelWindDirectionIcon | Label | 显示风向图标 |

**4. 报警和网络通信区**

报警功能允许用户设置风速、温度、照度的报警上限。当数据超过上限时程序进行报警,并显示红色警告标志。默认情况下报警功能处于开启状态。

网络通信包括 TCP 通信和 HTTP 通信两部分。启用通信功能后,会使用相应通信协议将数据发送到中国移动 OneNET 物联网开放平台。由于发送时需要用户提供鉴权信息,因此需要多个文本框供用户输入这些信息。

由于本章不涉及网络通信,因此只给出报警控制区的关键控件信息,如图 4.37 和表 4.4 所示。

图 4.37  报警控制和网络通信区界面

表 4.4　报警控制区关键控件详细信息

| 编　号 | 关键控件名称 | 控件类型 | 功　能 |
|---|---|---|---|
| 1 | groupBoxAlarm | Group Box | 打开或关闭报警功能 |
| 2 | hSliderWindSpeedLimit | Horizontal Slider | 调整风速上限 |
| 3 | hSliderTemperatureLimit | Horizontal Slider | 调整温度上限 |
| 4 | hSliderIlluminationLimit | Horizontal Slider | 调整照度上限 |
| 5 | labelAlarm | Label | 显示报警图标 |

### 5. 日志区

日志区用于显示系统的运行日志。每条日志包括时间、内容信息两部分。这一区域的关键控件信息如图 4.38 和表 4.5 所示。

图 4.38　日志区界面

表 4.5　日志区关键控件详细信息

| 编　号 | 关键控件名称 | 控件类型 | 功　能 |
|---|---|---|---|
| 1 | textEditLog | Text Edit | 显示日志内容 |
| 2 | pushButtonClearLog | Push Button | 清空日志内容 |

## 4.2.3　硬件模块类的定义和实现

本书的气象站硬件使用了 GY-39 模块和 PR-3000 风速风向模块。因为每个模块都涉及数据处理、数据校验、数据存储、网络通信等内容，所以为这两个模块设计了相应的类，分别命名为 ClassGY39 和 ClassPR3000。

### 1. GY-39 模块类的定义和实现

GY-39 模块的数据主要有照度、温度、气压、湿度和海拔高度，涉及的操作主要包括读取串口数据、进行数据校验、生成网络通信所需的数据等。因为本章只处理模拟数据，不涉及串口操作、网络通信、数据校验等内容，所以暂时将 ClassGY39 类定义如下：

```
// 示例代码\ch4\ch4-4SimpleWeatherStationV0.1\ClassGY39.h
class ClassGY39
{
private:
    int m_nIllumination = 0;            // 照度,0~200000lux
    float m_fTemperature = 0;           // 温度, - 20~45℃
    float m_fPressure = 0;              // 气压,90~110kPa
    int m_nHumidity = 0;                // 湿度,0~100 % RH
    int m_nAltitude = 0;                // 海拔高度, - 200~9000m
```

```
public:
    int getIllumination();
    void setIllumination(int nIllumi);
    float getTemperature();
    void setTemperature(float fTemp);
    float getPressure();
    void setPressure(float fPres);
    int getHumidity();
    void setHumidity(int nHumi);
    int getAltitude();
    void setAltitude(int nAlti);
};
```

类的接口函数实现如下：

```
// 示例代码\ch4\ch4 - 4SimpleWeatherStationV0.1\ClassGY39.cpp
#include "Class_GY39.h"

int ClassGY39::getIllumination()
{
    return m_nIllumination;
}

void ClassGY39::setIllumination(int nIllumi)
{
    m_nIllumination = nIllumi;
}
//此处略去剩余接口函数
```

### 2. PR-3000 模块类的定义和实现

PR-3000 风速风向模块对数据的操作与 GY-39 模块类似，所以暂时将 PR-3000 类定义如下：

```
// 示例代码\ch4\ch4 - 4SimpleWeatherStationV0.1\ClassPR3000.h
class ClassPR3000
{
private:
    float m_fWindSpeed = 0;          // 风速,0~20m/s
    int m_nWindDirection = 0;        // 风向,0~359°(从正北开始,顺时针计算)

public:
    float getWindSpeed();
    void setWindSpeed(float fWS);
    int getWindDirection();
    void setWindDirection(int nWD);
}
```

其中接口函数实现如下：

```
// 示例代码\ch4\ch4 - 4SimpleWeatherStationV0.1\ClassPR3000.cpp
# include "ClassPR3000.h"

float ClassPR3000::getWindSpeed()
{
    return m_fWindSpeed;
}

void ClassPR3000::setWindSpeed(float fWS)
{
    m_fWindSpeed = fWS;
}
//此处略去剩余接口函数
```

**3. 硬件模块类的使用**

在气象站程序的 mainwindow.h 文件中，分别定义了 ClassGY39 类和 ClassPR3000 类的对象指针 m_GY39Device 和 m_PR3000Device：

```
class MainWindow : public QMainWindow
{
    Q_OBJECT
private:
    Ui::MainWindow * ui;

    ClassGY39  * m_GY39Device;
    ClassPR3000  * m_PR3000Device;
    //略去部分代码
}
```

在主窗口类的构造函数中为这两个指针申请了内存：

```
MainWindow::MainWindow(QWidget * parent)
    : QMainWindow(parent), ui(new Ui::MainWindow)
{
    ui - > setupUi(this);

    m_GY39Device = new ClassGY39();
    m_PR3000Device = new ClassPR3000();
}
```

## 4.2.4　模拟数据的生成

借助生成模拟数据功能，可以在不连接硬件的情况下检查程序的数据处理流程、测试网络通信的状态等，从而提高程序开发的效率。要实现生成模拟数据的功能，需要调用 Qt 的随机数函数。

**1. 使用 Qt 生成随机数**

在 Qt 中生成随机数有两种方法。第一种是使用 qsrand()和 qrand()。这种方法与 C 语言生成随机数的 srand()和 rand()的方法类似,此处不再赘述。第二种是使用 Qt 提供的高质量随机数生成器类 QRandomGenerator。该类提供了函数 bounded(),可以在指定范围内生成随机数。QRandomGenerator 需要一个种子才能工作。通常情况下可以使用日期时间类 QDateTime 的静态成员函数 currentDateTime()获取当前系统时间,并调用 toSecsSinceEpoch()函数获取当前时间与 1970-01-01 00:00:00(UTC)的时间差(单位为秒)作为种子进行播种,例如:

```
int seed = QDateTime::currentDateTime().toSecsSinceEpoch();   //获取种子
QRandomGenerator generator(seed);                             // 播种
int randomNum = generator.bounded(0, 100);                    // 在 0～99 范围内生成随机数
```

对于同样的种子,QRandomGenerator 类生成的随机数是相同的。如果在 1s 内多次运行上述代码,因为种子(即时间差)相同,所以会生成相同的随机数。要避免这一问题,可以使用精度更高的 toMSecsSinceEpoch()函数。该函数可以以毫秒为单位获取当前时间和 1970-01-01 00:00:00.000(UTC)之间的时间差。

**2. 功能实现**

在界面中,生成模拟数据的按钮控件名称为 pushButtonGetRandomData(见表 4.2)。单击该按钮后,首先根据范围生成各个气象数据的模拟值,然后根据报警功能开关的状态判断是否要调用报警函数 alarm(),最后调用 updateUI()函数更新界面。pushButtonGetRandomData 按钮的槽函数代码如下:

```
void MainWindow::on_pushButtonGetRandomData_clicked()
{
    int nSeed = QDateTime::currentDateTime().toSecsSinceEpoch();
    QRandomGenerator generator(nSeed);

    m_GY39Device -> setIllumination(generator.bounded(0, 200000));
    m_GY39Device -> setTemperature(generator.bounded(-20, 45));
    m_GY39Device -> setPressure(generator.bounded(90000, 110000)/1000.0);
    m_GY39Device -> setHumidity(generator.bounded(0, 100));
    m_GY39Device -> setAltitude(generator.bounded(-200, 9000));

    m_PR3000Device -> setWindSpeed(generator.bounded(0, 20));
    m_PR3000Device -> setWindDirection(generator.bounded(0, 359));

    if (ui -> groupBoxAlarm -> isChecked())
    {
        alarm();
    }
    updateUI();
}
```

## 4.2.5  报警功能的实现

alarm()函数用于实现报警功能。在该函数中，首先需要判断温度、照度和风速的值是否超过了界面上设定的限值。只有超过了限值才报警。要编写 alarm()函数，具体步骤如下：

（1）在 mainwindow.h 中声明函数 alarm()。

```cpp
class MainWindow : public QMainWindow
{
    Q_OBJECT
public:
    MainWindow(QWidget * parent = nullptr);
    ~MainWindow();
    void alarm();                    //声明报警函数
    //此处略去部分代码
}
```

（2）在 mainwindow.cpp 中实现报警函数。

```cpp
void MainWindow::alarm()
{
    int nAlarmFlag = 0;            //标志位,不为零则需要报警

    if (m_GY39Device -> getTemperature() > ui -> hSliderTemperatureLimit -> value())
    {
        nAlarmFlag = 1;
    }
    if (m_GY39Device -> getIllumination() > ui -> hSliderIlluminationLimit -> value() * 1000)
    {
        nAlarmFlag = 1;
    }
    if (m_PR3000Device -> getWindSpeed() > ui -> hSliderWindSpeedLimit -> value())
    {
        nAlarmFlag = 1;
    }

    if (nAlarmFlag == 1)
    {
        ui -> labelAlarm -> setVisible(true);
    }
    else
    {
        ui -> labelAlarm -> setVisible(false);
    }
}
```

在这段代码中，变量 nAlarmFlag 是报警的标志位，取 1 为报警，取 0 为不报警。代码

首先根据报警限值判断是否需要报警,并修改标志位。然后根据标志位判断是否进行报警。报警时会显示警告图片。

## 4.2.6 界面更新的实现

在本气象站程序中,数据的来源既可以是模拟数据,也可以是测量结果,还可以是输入的数据。为了便于在各种情况下更新界面,编写了函数 updateUI()。该函数依然是主窗口类的公有成员函数,其声明过程与 alarm()函数相同。由于需要显示风向对应的图片,因此在工程文件夹下的 res 子文件夹中准备了图片文件 0.png、45.png 等,分别对应北风、东北风等。在代码中通过 QPixmap 类对象读入相应图片并显示即可。updateUI()函数的代码如下:

```
void MainWindow::updateUI()
{
    //更新标签文字
    ui->labelHumidity->setText(QString::number(m_GY39Device->getHumidity()));
    ui->labelTemperature->setText(QString::number(m_GY39Device->getTemperature()));
    //此处略去其他标签更新代码

    //更新进度条
    ui->progressBarHumidity->setValue(m_GY39Device->getHumidity());
    ui->progressBarTemperature->setValue(m_GY39Device->getTemperature());
    //此处略去其他进度条更新代码

    //更新风向图片
    QPixmap * pix;
    switch ((m_PR3000Device->getWindDirection() + 23) / 45)
    {
    case 0:
        pix = new QPixmap("./res/0.png");
        ui->labelWindDirection->setText("北");
        break;
    case 1:
        pix = new QPixmap("./res/45.png");
        ui->labelWindDirection->setText("东北");
        break;
    //此处略去 case2~case7 的代码
    }
    ui->labelWindDirectionIcon->setPixmap( * pix); //显示风向图片
}
```

## 4.2.7 日志输出的实现

界面的最下方设置了多行文本框控件用于显示程序运行日志。日志的格式为:

```
hh:mm:ss 内容 1 内容 2
```

例如，

```
21:04:57    生成模拟数据 温度 12℃,湿度 48％RH,海拔高度 6m,气压 109kPa,照度 1960lux,风速
1.1m/s,风向 25°
```

在 MainWindow 类中，公有函数 printLog() 负责打印程序运行日志。printLog() 函数
的原型如下：

```
void printLog(QString log1, QString log2 = "");
```

该函数设置了两个形参，其中第二个形参的默认值是空字符串。这样在打印日志时可
以根据需要同时输出一组或两组信息。该函数代码如下：

```
void MainWindow::printLog(QString log1, QString log2)
{
    QString time = QDateTime::currentDateTime().time().toString();   //获取当前时间
    QString log = QString("%1 %2 %3").arg(time).arg(log1).arg(log2); //生成日志内容
    ui->textEditLog->append(log);                                    //输出日志
}
```

## 4.2.8 程序的发布

至此，V0.1 版的气象站程序已经基本完成。经过充分
的测试后，如果没有错误就可以发布给用户了。在关闭
Shadowbuild 的情况下，将编译模式改为 Release，编译得到
的文件位于工程文件夹中的 Release 子文件夹下，如图 4.39
所示。在这些文件中，.o 文件称为目标文件，是编译的中间
结果。SimpleWeatherStation.exe 是编译得到的可执行
文件。

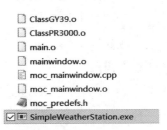

图 4.39　编译生成的目标
文件和可执行文件

Qt 提供了大量类库供开发者使用。Qt 程序在运行时也离不开库的支持。因为 Qt 默
认采用动态链接的形式对代码进行编译，所以编译得到的程序在运行时需要调用动态链接
库（即 DLL 文件）。因为 Qt 在编译过程中并不会将 DLL 文件和编译的 .exe 文件放在一
起，所以若在 Release 文件夹中直接运行程序 SimpleWeatherStation.exe，则系统会提示错
误，如图 4.40 所示。

要解决这一问题，需要将程序用到的 DLL 文件全部复制到程序所在文件夹。Qt 在
Windows 平台下提供了命令行工具 windeployqt.exe，可以方便地完成这一操作。该工具
的调用格式如下：

```
windeployqt [options] [files]
```

其中，options 是工具的选项。各选项的含义在 windeployqt 的帮助文件中有详细的解释。
files 是 Qt 编译得到的可执行文件的路径或包含该可执行文件的文件夹。

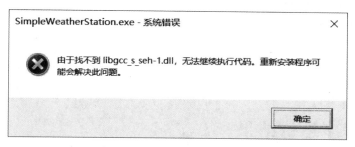

**图4.40　直接运行编译得到的程序后，系统弹出的错误提示**

要使用该工具，首先运行"开始"菜单中的"Qt 5.14.2（MinGW 7.3.0 64-bit）"，进入 Qt 的编译环境，如图 4.41 所示。

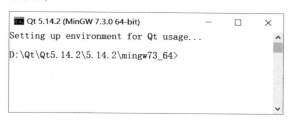

**图4.41　Qt 5.14.2（MinGW 7.3.0 64-bit）界面**

作为例子，将编译好的 SimpleWeatherStation.exe 复制到 D:\Qt_Deploy\文件夹下，然后执行命令：

```
windeployqt D:\Qt_Deploy\SimpleWeatherStation.exe
```

稍等片刻，windeployqt 工具便会将程序所需的库文件和资源文件复制到 D:\Qt_Deploy\文件夹中。图 4.42 是最终补全的文件列表。需要注意的是，windeployqt 工具只是"尽力"补全程序所需的库文件。很多情况下需要再次运行程序并根据错误提示手工补全剩余文件。

**图4.42　通过 windeployqt 工具补全的 DLL 文件和资源文件**

目前编译得到的程序的图标是系统默认的图标，既不符合程序的功能定位，又缺乏美感。那应该如何使用自定义的程序图标呢？只需要将图标文件（假设文件名为 icon.ico）放置在工程文件夹下，然后在.pro 文件中增加下列内容并重新编译程序，程序的图标便可以自动更换为自定义的图标了。

```
RC_ICONS = icon.ico
```

完成上述工作后，只要将图4.42中的全部文件发送给用户，用户就可以正常使用程序了。开发者也可以使用Enigma Virtual Box等软件将所有文件打包成一个独立的.exe文件。如果程序规模比较大，或者需要配置运行环境，则可以使用Inno Setup软件生成安装包。

## 4.3 程序运行结果

本章主要完成了界面和模拟数据生成功能。下面是这部分功能的测试结果。

（1）程序启动后会在界面上显示默认的数据，如湿度50%RH、温度25℃等，如图4.43所示。也可以将默认数据修改为"-"等占位字符。

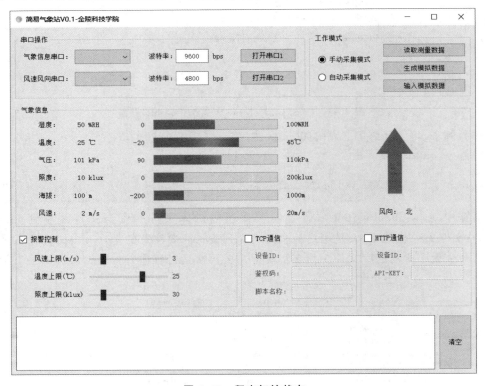

图4.43 程序初始状态

（2）单击"生成模拟数据"按钮，程序生成了第一组模拟数据，如图4.44所示。因为随机生成的照度值（150klux）超过了设定的限值（30klux），所以程序开始报警。报警的现象包括红色警告图标和日志的提示文字。

（3）修改报警限值，然后再次单击"生成模拟数据"按钮，程序生成了第二组模拟数据，如图4.45所示。因为数据没有超过限值，程序不报警，红色警告图标也消失。

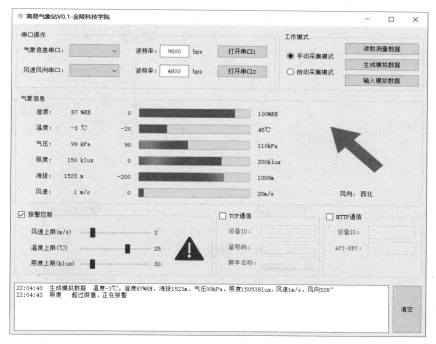

**图 4.44　生成第一组模拟数据后程序的状态**

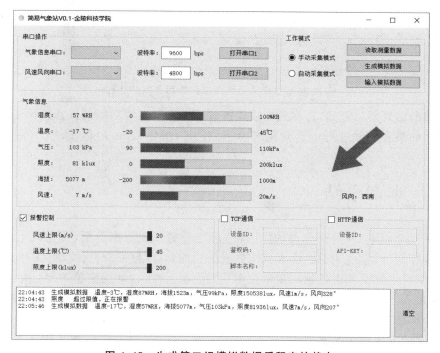

**图 4.45　生成第二组模拟数据后程序的状态**

（4）关闭报警功能，再次单击"生成模拟数据"按钮，程序生成第三组模拟数据，如图4.46所示。虽然风速、温度、照度等数据都超过了报警限值，但是程序不报警。

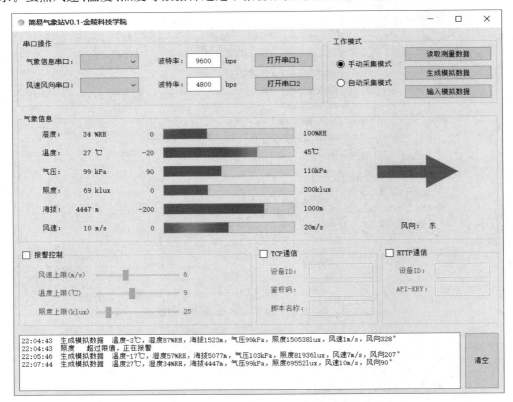

**图4.46　生成第三组模拟数据后程序的状态**

从上面的结果可以看到，程序的生成模拟数据功能和报警功能的运行逻辑正确，能正常发挥作用。如果在测试过程中遇到问题，可以使用 Qt Creator 的单步调试功能定位错误代码。

# 4.4　本章小结

本章主要介绍了 Qt 自带控件的使用和 Qt 特有的几种数据类型，并完成了 V0.1 版简易气象站程序设计，实现了手动生成模拟数据的功能。Qt 自带的控件、Qt 特有的数据类型有很多，本章只讲解了其中几种。在学完本章的内容后，可以继续完善 V0.1 版的简易气象站程序，并根据个人喜好对界面进行修改、调整报警的范围、条件等。也可以继续学习 Qt 其他控件和数据类型的使用方法。如果在学习过程中遇到问题，务必先查阅 Qt 的帮助文件，再通过其他方式寻求答案。

# 扩展阅读：中国开发者对开源软件的贡献

人类社会正加速进入以数字化生产力为主要标志的新阶段。芯片、操作系统等底层技术作为数字化的灵魂，越发成为制造强国、网络强国的关键支撑。

当前，开放、平等、协作、共享的开源模式，正在成为全球软件技术和产业创新的主导模式。工业和信息化部《"十四五"软件和信息技术服务业发展规划》指出："当前，开源已覆盖软件开发的全域场景……全球97％的软件开发者和99％的企业使用开源软件，基础软件、工业软件、新兴平台软件大多基于开源，开源软件已经成为软件产业创新源泉……"。

在这一趋势中，中国不仅没有缺席，还发挥了巨大的作用。

2020年，开源中国社区Gitee上的代码仓库总数超过1500万个。2021年，GitHub上的中国开发者人数达到755万，Gitee上开源项目数量增长率达到192％，其中Star数破千的项目数量增长率达到132％。开源软件在不同行业领域中的渗透率不断加大，新兴领域对开源的态度更加开放。

国内主要的开源参与者包括阿里巴巴、腾讯、百度、优麒麟、Deepin、旷视天元等，主要的开源开发者社区有CSDN、博客园、51CTO、OSCHINA等，主要的代码托管平台有Gitee、CODING、Git Code、极狐等，主要的开源产业联盟有中国开源云联盟、中国开放指令生态联盟、开源工业互联网联盟等。开源生态正在为我国软件产业的发展注入澎湃的动力。

# 第5章

# 串口操作和第三方控件的使用

UART 接口是嵌入式、物联网开发最重要的接口之一,有着十分广泛的应用。Qt 自从 5.1 版开始提供了串口操作库,大幅降低了串口开发的难度。对于更早版本的 Qt,虽然官方没有给出串口支持库,但是有热心的开发者开发了第三方的串口库,如 QextSerialPort。虽然是第三方库,但是在功能、性能上均有良好的表现。

事实上,Qt 作为一个历史悠久的、开源的平台,有着许多优秀的第三方库,QextSerialPort 只是其中之一。Qt 的第三方库涉及图形图表、复杂控件、功能增强等许多方面。

在本章的基础知识部分,首先详细介绍了 Qt 的串口操作类 QSerialPort 的使用,然后以 QUC SDK 为例介绍了 Qt 第三方控件库的使用,最后介绍了窗口菜单的使用。

在实践案例部分,使用本章介绍的知识为 V0.1 版简易气象站程序增加了下列功能:

(1) 使用第三方控件库 QUC SDK 重新改进程序界面。

(2) 使用串口操作类通过串口读取硬件模块的数据,并对数据进行处理和显示。

(3) 增加历史数据曲线功能,方便查看历史数据。

(4) 增加窗口菜单和快捷键。

## 5.1 基础知识

视频讲解

### 5.1.1 Qt 串口通信类的使用

Qt 5 提供了串口操作相关的类 QSerialPortInfo 和 QSerialPort。使用 QSerialPortInfo 类可以检测系统的串口信息,如 COM 号、设备位置、厂商信息等。使用 QSerialPort 类可以完成串口的具体操作,如打开或关闭串口、读写数据等。在实际应用中,常常先用 QSerialPortInfo 类检测可用的串口,然后创建 QSerialPort 类对象来操作串口。要使用这两个类,应在 pro 文件中添加模块:

```
QT += serialport
```

同时在程序中包含头文件:

```
# include < QSerialPort >
# include < QSerialPortInfo >
```

下面通过一个例程介绍串口的基本操作，如图 5.1 所示。该程序具有获取串口信息、打开/关闭串口、读写串口数据等功能(参见示例代码\ch5\ch5-1QSerialPortDemo\)。

图 5.1　串口操作演示程序界面

**1. 获取所有串口设备信息**

要获取计算机中所有串口设备的信息，需要调用 QSerialPortInfo 类的静态成员函数 availablePorts()。该函数的原型为：

```
static QList < QSerialPortInfo > availablePorts();
```

该函数会将计算机中的所有串口设备信息保存到 QList 链表中。链表的每一个元素都是一个 QSerialPortInfo 类对象，含有串口设备的 COM 号、描述信息、序列号等信息。使用时可以通过 foreach 语句将链表中的元素取出并处理。例如，可以将"获取串口"按钮的槽函数修改如下，从而将串口信息显示在组合框控件 comboBoxPortList 中：

```
void MainWindow::on_pushButtonGetPortList_clicked()
{
    foreach (QSerialPortInfo info, QSerialPortInfo::availablePorts())
    {
        ui -> comboBoxPortList -> addItem(info.portName());
    }
}
```

运行程序并单击"获取串口"按钮，组合框会显示出计算机的所有串口，如图 5.2 所示。

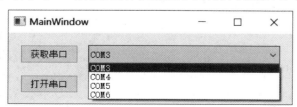

图 5.2　获取串口号并显示

如果要显示串口的描述文字，可以将代码修改为：

```
foreach (QSerialPortInfo info, QSerialPortInfo::availablePorts())
{
    ui->comboBoxPortList->addItem(QString(info.portName() + " " + info.description()));
}
```

此时的运行结果如图 5.3 所示。

**图 5.3　获取串口号和描述文字并显示**

### 2. 设置串口参数并打开串口

使用串口前需要对串口的 COM 号、波特率、奇偶校验等参数进行设置，具体步骤为：

(1) 定义 QSerialPort 类对象。

(2) 设置串口的工作参数，如 COM 号、波特率、奇偶校验等。

(3) 使用 open()函数打开串口。

(4) 确认串口已打开。

在本例中，首先为主窗口类增加成员变量：

```
private:
    QSerialPort * m_port = new QSerialPort();         //(1)定义类对象
```

然后在"打开串口"按钮的槽函数中设置串口的参数并打开串口：

```
void MainWindow::on_pushButtonOpenPort_clicked()
{
    //(2)设置串口的工作参数
    m_port->setPortName(ui->comboBoxPortList->currentText());    //选取串口
    m_port->setBaudRate(QSerialPort::Baud9600);                  //设置波特率
    m_port->setDataBits(QSerialPort::Data8);                     //设置数据位数
    m_port->setParity(QSerialPort::NoParity);                    //设置校验类型
    m_port->setStopBits(QSerialPort::OneStop);                   //设置停止位长度
    m_port->setFlowControl(QSerialPort::NoFlowControl);          //设置流控制

    //(3)打开串口
    m_port->open(QIODevice::ReadWrite);

    //(4)判断串口是否已打开
    if (m_port->isOpen())
    {
        qDebug() << "打开串口成功";
    }
```

```
        else
        {
            qDebug() << "打开串口失败";
        }
    }
```

代码中的波特率(QSerialPort::Baud9600)、数据位数(QSerialPort::Data8)、校验类型(QSerialPort::NoParity)、停止位长度(QSerialPort::OneStop)、流控制(QSerialPort::NoFlowControl)都是QSerialPort类的枚举类型成员。它们的取值在帮助文档中有详细的介绍。isOpen()函数用于判断串口是否已打开。成功打开串口是读写数据、关闭串口、清空缓冲区等操作的前提,因此进行判断非常必要。

**3. 串口的读写**

QSerialPort类的父类QIODevice提供了公有的write()、read()、readAll()等函数。QSerialPort类继承了这些函数,从而实现串口数据的读写操作。在本例中,在"写数据"按钮的槽函数中调用write()函数向串口写数据(下面均假设串口m_port已打开):

```
void MainWindow::on_pushButtonWriteData_clicked()
{
    QByteArray data = "This is a test.";
    qDebug() << m_port->write(data);
}
```

调用write()函数后,数据会写入串口缓冲区,等待硬件完成发送操作。write()函数的返回值为实际写出的字节数。在这个例子中,因为data变量的实际长度为15,所以write()函数的返回值为15。

类似地,也可以通过read()(读取指定长度的数据)、readLine()(读一行数据)、readAll()(读取所有数据)等函数读取串口接收缓冲区的内容。例如,在"读数据"按钮的槽函数中,可以调用readAll()函数读取数据:

```
void MainWindow::on_pushButtonReadData_clicked()
{
    qDebug() << m_port->readAll();
}
```

**4. 关闭串口**

串口使用完成后,需要调用close()函数关闭串口,从而释放资源。在本例中,在"关闭串口"的槽函数中完成这一操作:

```
void MainWindow::on_pushButtonClosePort_clicked()
{
    m_port->close();
}
```

如果尝试关闭一个没有打开的串口,则会出现错误 QSerialPort：：NotOpenError。

**5. 清空缓冲区**

clear()函数可以根据需要清空输入/输出缓冲区中的内容。默认情况下,该函数会同时清空输入和输出缓冲区。如果使用 QSerialPort 类的枚举型变量 Direction 作为参数,则可以有选择地清空输入和输出缓冲区。枚举型变量 Direction 的定义如下：

```
enum Direction
{
    Input = 1,
    Output = 2,
    AllDirections = Input | Output
};
```

例如,下列第一行代码清空了输入缓冲区,第二行代码同时清空了输入和输出缓冲区：

```
m_port -> clear(Input);
m_port -> clear(AllDirections);
```

如果清空成功,则 clear()函数返回 true,否则返回 false。

视频讲解

## 5.1.2 Qt 的第三方控件库——QUC SDK

**1. Qt 的第三方库**

Qt 提供了许多功能强大的库,并保证这些库在不同操作系统下具有一致的行为。但是如果需要实现一些特殊的效果,就需要自行对库进行改进。很多热心的开发者将自己设计的库共享到了网上。下面简单介绍几个常见的 Qt 第三方库。

(1) QWT 全称是 Qt Widgets for Technical Applications。这是一个基于 LGPL 版权协议的开源项目,包含 GUI 组件和实用类。QWT 不但提供了刻度、滑块、刻度盘、指南针、温度计、旋钮等控件,还可生成各种专业图表。图 5.4 是使用 QWT 生成的对数坐标系下的图形。

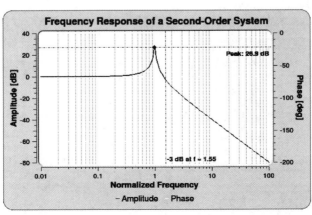

图 5.4　QWT 生成的图表

（2）QCustomPlot 是一个用于绘图和数据可视化的控件包，可以生成美观、高品质的图形，并能将图形导出为多种常见格式，如矢量 PDF 文件或 PNG、JPG、BMP 等位图。开发者对代码进行了细致的优化，能支持实时可视化应用。图 5.5 是使用 QCustomPlot 生成的曲线。

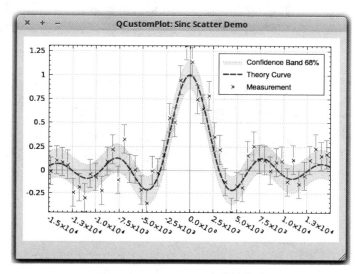

**图 5.5　QCustomPlot 生成的曲线**

（3）QextSerialPort 是一个广泛应用的第三方串口操作库。支持 Qt 2～Qt 5，可以运行在 Windows、Linux、macOS X、FreeBSD 等系统下。因为 Qt 4 不支持串口操作，所以 QextSerialPort 是 Qt 4 用户为数不多的选择之一。

（4）QUC SDK。SDK（Software Development Kit，软件开发工具包）是编程领域常用的名词，通常指为特定的软件框架、硬件平台、操作系统等开发应用程序时使用的开发工具集合。QUC SDK 是一套由国内开发者设计、维护的界面库，有超过 60 个精美的控件，涵盖了各种仪表盘、进度条、指南针、曲线图、标尺、温度计、导航条、导航栏、高亮按钮、滑动选择器等内容。控件的绝大多数效果只要设置几个属性即可实现。QUC SDK 支持 MinGW、MSVC、gcc 等编译器，可直接集成到 Qt Creator 中。图 5.6 展示了 QUC SDK 提供的部分控件。

由于 QUC SDK 控件的色彩简洁明快、使用方便，因此本书以 QUC SDK 为例介绍 Qt 第三方库的使用方法。

**2. QUC SDK 的安装**

因为 QUC SDK 的作者没有公开源代码，所以只能访问该项目的 GitHub 主页下载编译好的库文件。为了便于后续的使用，建议将整个项目下载到本地。

下面是 QUC SDK 项目中部分文件夹的结构。include 文件夹存放了 QUC SDK 库的头文件，后面会使用到这个文件夹的内容。sdkdemo 文件夹存放着示例文件。sdk_V 开头的文件夹存放着不同开发环境需要使用的库文件。snap 文件夹存放着各种控件的运行截图。

图 5.6 QUC SDK 控件示例

```
QUC SDK
├── include
├── sdkdemo
├── sdk_V20211010_mingw              //MinGW 版库文件
│   ├── qt_5_9_9_mingw53_32
│   ├── qt_5_12_3_mingw73_32
│   ├── qt_5_12_3_mingw73_64         //最终选择的库
│   └── ...
├── sdk_V20211010_msvc               //MSVC 版库文件
│   ├── qt_5_12_3_msvc2017_32
│   ├── qt_5_14_0_msvc2017_64
│   └── ...
├── sdk_V20220222_static             //静态版库文件
│   ├── qt5_linux_gcc_32
│   ├── qt5_win_mingw_32
│   └── ...
└── snap
```

    QUC SDK 提供了适用于不同开发环境的库文件,使用时需要根据自己的开发环境进行选择。具体选择标准是:

    (1) 库文件的版本应等于或略低于 Qt 的版本。

    (2) 库文件的编译器版本应符合当前安装的编译器版本。如果使用了错误版本的库文件,会导致程序无法编译。

    因为本书安装的 Qt 版本为 5.14.2、编译器为 MinGW 7.3.0 64bit,所以选择的库文件为 qt_5_12_3_mingw73_64。解压该库文件可以得到 quc. dll、libquc. a、qucd. dll、libqucd. a 这 4 个文件。将它们复制到 Qt 的 designer 文件夹下即可完成库文件的安装。在第 1 章介绍 Qt 的安装时,将 Qt 安装在 D:\Qt\下,这时 designer 文件夹的路径为:

```
D:\Qt\Qt5.14.2\Tools\QtCreator\bin\plugins\designer
```

完成库文件的安装后,重启 Qt Creator 就可以在控件列表看到新安装的控件了。QUC SDK 提供的所有控件都位于 Quc Widgets 栏目内,如图 5.7 所示。

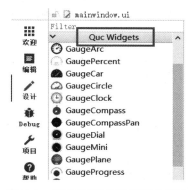

图 5.7　QUC SDK 提供的部分控件

**3. QUC SDK 的使用**

要在项目中使用 QUC SDK 需要进行简单的配置,具体操作步骤如下(参见示例代码\ch5\ch5-2QUCDemo\):

(1)复制 SDK 头文件。在项目文件夹下新建子文件夹(如 SDK),然后将 QUC SDK 的 include 文件夹中的所有文件(均为头文件)复制到 SDK 文件夹中。

(2)复制库文件。将库文件解压得到的 quc.dll 和 qucd.dll 复制到 SDK 文件夹中。

(3)引用库文件。在项目的 pro 文件末尾增加如下代码:

```
INCLUDEPATH += $$PWD/SDK

CONFIG(release, debug|release){
LIBS        += -L$$PWD/SDK/ -lquc
} else {
unix {LIBS += -L$$PWD/SDK/ -lquc}
else {LIBS += -L$$PWD/SDK/ -lqucd}
}
```

代码中的 PWD 是 Present Working Directory(当前工作目录)的缩写,指项目所在的文件夹。SDK 指第(1)步中新建的 SDK 文件夹。如果使用了其他文件夹名称,则应将代码中的 SDK 替换为所使用的名称。

经过这样的配置,就可以像使用 Qt 自带控件一样使用 QUC SDK 的控件了。在示例代码中使用了 gaugeArc 和 gaugeCompassPan 两个控件,运行效果如图 5.8 所示。

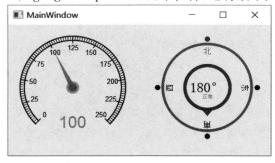

图 5.8　gaugeArc 和 gaugeCompassPan 控件的外观

QUC SDK 控件的外观几乎都可以通过属性进行修改。如果要调整 gaugeArc 控件指针的位置，只要修改控件的 value 属性即可，如图 5.9 所示。

在程序运行过程中，也可以在代码中使用控件的 setValue() 函数修改控件的指针位置，如：

| gaugeArc : GaugeArc | |
| --- | --- |
| 属性 | 值 |
| **GaugeArc** | |
| minValue | 0.000000 |
| maxValue | 250.000000 |
| **value** | 120.000000 |
| precision | 0 |
| scaleMajor | 10 |
| scaleMinor | 10 |

图 5.9　gaugeArc 控件的部分属性

```
ui -> gaugeArc -> setValue(110);
ui -> gaugeCompassPan -> setValue(190);
```

QUC SDK 并没有给出控件的文档。要全面了解控件的功能，可以查阅 SDK 文件夹中控件的头文件来了解控件支持的操作。

## 5.1.3　窗口菜单的使用

视频讲解

在程序和用户之间的交互过程中，菜单是极为常用的工具。大多数软件都会在主界面设计一套菜单。像 Microsoft Office 更是原创性地将常规菜单升级为了 Ribbon 选项卡，进一步提高了用户操作的效率。Qt 作为一款功能完善的开发平台，也能够方便地为窗口添加菜单。下面通过一个例子来学习 Qt 中菜单的使用方法（见示例代码\ch5\ch5-3MenuDemo\）。

**1. 为窗口添加菜单**

基于 QMainWindow 类的窗口默认带有菜单。如图 5.10(a)所示，只要双击窗口左上角的"在这里输入"，便可以进入菜单编辑状态。输入"文件"两个字后按 Enter 键，Qt Creator 会自动创建名为"文件"的菜单并展开，如图 5.10(b)所示。双击"文件"菜单中的"在这里输入"可以新增菜单项，双击"添加分隔符"可以添加一个分隔符。图 5.11 是本例最终完成的菜单。

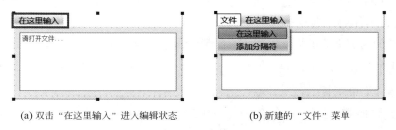

(a) 双击"在这里输入"进入编辑状态　　　　(b) 新建的"文件"菜单

图 5.10　添加文件菜单的过程

**2. 为菜单添加快捷键**

使用快捷键可以大幅提高操作效率。例如，在 Windows 的记事本中，按 Alt＋F 键会打开"文件"菜单，如图 5.12 所示。在"文件"菜单中按 N 键会新建文档，按 X 键会退出记事本。不过无论是否打开"文件"菜单，都可以通过快捷键 Ctrl＋N 在记事本中新建一个文件。同样都是快捷键，为什么有的要打开菜单才能用，有的不需要打开菜单就能用呢？

图 5.11 最终完成的菜单

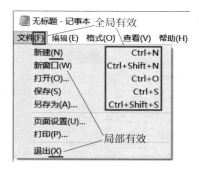

图 5.12 Windows 记事本的部分快捷键

这是因为快捷键有自己的作用范围。对记事本而言,Ctrl+N 是全局有效的,哪怕不打开"文件"菜单也能够使用。但是"退出"菜单项的快捷键 X 是局部有效的,只有在菜单打开以后才能起作用。全局快捷键和局部快捷键的显示位置是不一样的,如图 5.12 所示。局部快捷键紧跟菜单名称或菜单项名称,常用括号包围起来。而全局快捷键位于菜单项的右侧,通常需要同时使用 2 个或 3 个按键。

在 Qt 中,可以根据需要为菜单和菜单项增加不同作用范围的快捷键。

(1) 为"文件"菜单增加全局快捷键 Alt+F。

要为"文件"菜单添加快捷键 Alt+F,只要在"文件"二字后面添加"&F"(不含引号)。因为菜单的快捷键一般都放在括号中,所以在"文件"二字后面添加"(&F)"更符合习惯,如图 5.13(a)所示。在这种情况下,菜单名会变成"文件(F)",如图 5.13(b)所示。

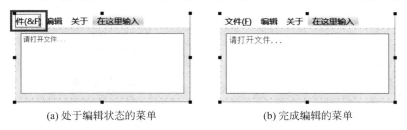

(a) 处于编辑状态的菜单        (b) 完成编辑的菜单

图 5.13 为"文件"菜单增加快捷键

(2) 为"退出"菜单项增加局部快捷键 X。

要为"退出"菜单项增加局部快捷键 X,只要在"退出"两个字后面增加"(&X)"即可,如图 5.14所示。

(3) 为"退出"菜单项增加全局快捷键 Ctrl+X。

要为菜单项增加全局快捷键,需要使用 Action Editor。Action Editor 是 Qt 的菜单编辑器,位于 Qt 设计界面下方,如图 5.15 所示。在 Action

图 5.14 为"退出"菜单项增加局部有效的快捷键 X

Editor 中，详细列出了每个菜单项的名称、显示文字、快捷键、提示文字的信息，可以直接用鼠标和键盘修改。

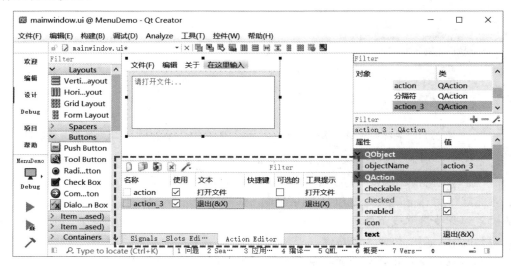

**图 5.15　Action Editor 的位置**

要为"退出"菜单项增加全局快捷键 Ctrl＋X，只需要在 Action Editor 中双击"退出"按钮对应的行，打开"编辑动作"对话框，如图 5.16 所示。单击 Shortcut 文本框，然后同时按键盘上的 Ctrl 键和 X 键，从而完成快捷键录入。图 5.17 是添加了快捷键的菜单截图。

**图 5.16　使用 Action Editor 为"退出"菜单项增加全局快捷键 Ctrl＋X**

**图 5.17　添加了快捷键的菜单截图**

### 3. 为菜单增加动作

至此，菜单项已经有了快捷键。但是按这些快捷键并没有任何反应。这是因为还没有为菜单项增加对应的动作，也就是没有完成菜单项的槽函数。

要为菜单增加动作，可以在 Action Editor 中右击菜单项对应的行，在弹出的菜单中选择"转到槽"，如图 5.18 所示。在"转到槽"对话框中选择 triggered()（即菜单项被触发），并单击 OK 按钮。系统会自动定位到菜单项的槽函数 on_action_3_triggered()。因为退出按钮的功能是关闭窗口，所以只需要调用 close()函数即可：

```
void MainWindow::on_action_3_triggered()
{
    this->close();
}
```

(a) Action Editor的右键菜单　　　　　　(b) "转到槽"对话框

图 5.18　"转到槽"菜单项及对话框

再次编译、运行程序，就可以通过快捷键关闭程序了。

# 5.2　实践案例：简易气象站程序 V0.2 的实现

视频讲解

下面使用本章所学知识对 V0.1 版简易气象站程序进行改进，包括使用 QUC SDK 更新程序界面，增加串口操作和数据读取功能，增加菜单和快捷键。这一版的程序代码见"示例代码\ch5\ch5-4SimpleWeatherStationV0.2\"。

## 5.2.1　使用 QUC SDK 升级程序界面

使用 QUC SDK 升级程序界面的步骤相对简单，只要用新的控件替换掉默认控件即可。图 5.19 是升级完成的界面。相对于 V0.1 版程序，主要使用了 QUC SDK 的 GaugeSimple、GaugeCompassPan、NavLabel、ImageSwitch、XSlider、LightPoint、WaveChart 这几种控件，并用 Tab Widget 控件增加了多页面显示功能。表 5.1 给出了 V0.2 版程序中使用的 QUC SDK 控件的信息。界面中使用的 Qt 自带控件则不再赘述。

表 5.1　界面中使用的 QUC SDK 控件

| 序号 | 控件类型 | 控件名称 | 序号 | 控件类型 | 控件名称 |
|---|---|---|---|---|---|
| 1 | GaugeSimple | gaugeSimpleTemperature | 5 | NavLabel | navLabelPressure |
| 2 | GaugeSimple | gaugeSimpleHumidity | 6 | NavLabel | navLabelIllumination |
| 3 | GaugeSimple | gaugeSimpleWindSpeed | 7 | NavLabel | navLabelAltitude |
| 4 | GaugeCompassPan | gaugeCompassPanWindDirection | 8 | ImageSwitch | imageSwitchAlarm |

续表

| 序号 | 控 件 类 型 | 控 件 名 称 | 序号 | 控 件 类 型 | 控 件 名 称 |
|---|---|---|---|---|---|
| 9 | ImageSwitch | imageSwitchHTTP | 14 | LightPoint | lightPoint |
| 10 | ImageSwitch | imageSwitchTCP | 15 | WaveChart | waveChartTemperature |
| 11 | XSlider | xsliderWindSpeedLimit | 16 | WaveChart | waveChartHumidity |
| 12 | XSlider | xsliderTemperatureLimit | 17 | WaveChart | waveChartWindSpeed |
| 13 | XSlider | xsliderIlluminationLimit | 18 | WaveChart | waveChartIllumination |

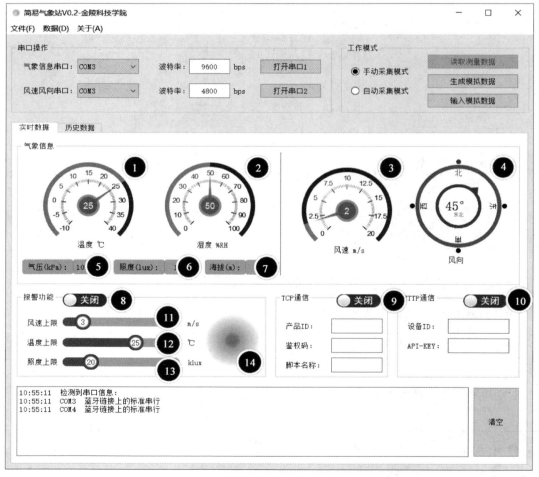

(a) 气象信息界面

图 5.19　使用 QUC SDK 更新后的界面

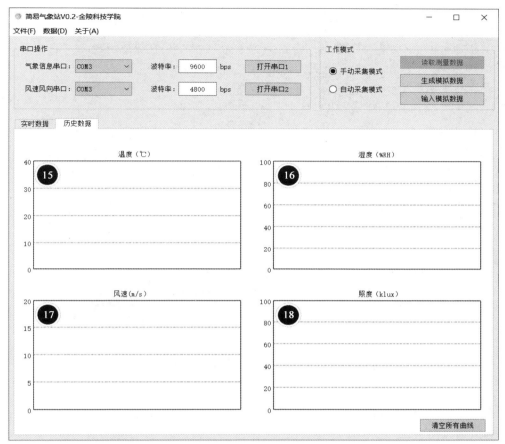

(b)历史数据界面

**图 5.19 （续）**

## 5.2.2 串口操作功能的实现

在 V0.1 版程序中已经设计好了串口操作区的界面。下面利用本章所学的知识完成这部分的功能。

**1. 串口信息的读取和显示**

在这一版程序中为主窗口类增加了读取串口信息的函数 updateSerialInfo()。在主窗口的构造函数中调用该函数，从而在启动后立即读取串口信息。在后续章节中，还会对该函数做进一步改进，从而实现实时更新串口信息的功能。updateSerialInfo()函数的代码如下：

```
void MainWindow::updateSerialInfo()
{
    ui->comboBoxUart1->clear();
    ui->comboBoxUart2->clear();
```

```
printLog("检测到串口信息:");

foreach (const QSerialPortInfo &info, QSerialPortInfo::availablePorts())
{
    ui->comboBoxUart1->addItem(info.portName());
    ui->comboBoxUart2->addItem(info.portName());
    printLog(info.portName(), info.description());
}

ui->comboBoxUart1->model()->sort(0);   //对串口列表进行排序
ui->comboBoxUart2->model()->sort(0);
}
```

图 5.20 是程序运行后自动检测并显示的串口信息。

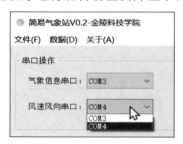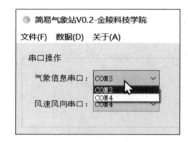

**图 5.20　程序运行后自动检测并显示的串口信息**

### 2. 定义串口类对象

在进行串口操作前，首先为主窗口类增加两个 QSerialPort 类对象，分别对应气象信息串口和风速风向串口：

```
private:
    QSerialPort *m_serialWeather;
    QSerialPort *m_serialWind;
```

同时在构造函数中为两个对象申请内存：

```
    m_serialWeather = new QSerialPort();
    m_serialWind = new QSerialPort();
```

### 3. 打开和关闭串口

程序使用两个按钮分别控制两个串口的打开和关闭，并用主窗口类的成员变量 m_nSerialWeatherOpenedFlag 和 m_nSerialWindOpenedFlag 表示串口的打开状态。"打开串口 1"按钮（控件名为 pushButtonOpenUart1）的槽函数代码如下：

```
1    void MainWindow::on_pushButtonOpenUart1_clicked()
2    {
```

```
3          if (m_nSerialWeatherOpenedFlag == 0)
4          {
5              m_serialWeather -> setPortName(ui -> comboBoxUart1 -> currentText());
6              m_serialWeather -> setBaudRate(ui -> lineEditBaudRate1 -> text().toInt());
7              m_serialWeather -> setDataBits(QSerialPort::Data8);
8              m_serialWeather -> setParity(QSerialPort::NoParity);
9              m_serialWeather -> setStopBits(QSerialPort::OneStop);
10             m_serialWeather -> setFlowControl(QSerialPort::NoFlowControl);
11             m_serialWeather -> open(QIODevice::ReadWrite);
12
13             if (m_serialWeather -> isOpen())
14             {
15                 printLog("串口 1 已打开", ui -> comboBoxUart1 -> currentText());
16                 ui -> pushButtonOpenUart1 -> setText("关闭串口 1");
17                 m_nSerialWeatherOpenedFlag = 1;
18             }
19             else
20             {
21                 printLog("串口 1 打开失败");
22             }
23         }
24         else
25         {
26             printLog("串口 1 已关闭");
27             ui -> pushButtonOpenUart1 -> setText("打开串口 1");
28             m_nSerialWeatherOpenedFlag = 0;
29             m_serialWeather -> close();
30         }
31     }
32 }
```

在上述代码中,首先通过标志位 m_nSerialWeatherOpenedFlag 判断串口的打开状态
(第 3 行)。如果未打开,则进行打开操作(第 5~11 行),并判断打开是否成功(第 13~22
行)。如果已打开,则关闭串口(第 26~29 行)。

"打开串口 2"按钮(控件名为 pushButtonOpenUart2)的槽函数与上述代码几乎完全相
同,此处不再赘述。

## 5.2.3 GY-39 模块的数据读取和处理

要想正确获取 GY-39 模块测量的气象信息,需要经过串口数据读取、数据完整性校验、
数据解析 3 个步骤。在程序中,为 ClassGY39 类增添了 3 个成员函数 readSerialData()、
verifySerialData()、parseSerialData()分别实现这些功能。

### 1. 串口数据读取

readSerialData()函数用于读取串口数据,并对读取的数据进行初步处理。为了让它能
配合不同的串口进行工作,将串口类对象的指针作为形参传入。该函数的代码如下:

```
1    int ClassGY39::readSerialData(QSerialPort * serialPort)
2    {
3        QByteArray qbaWeatherData = serialPort -> readAll();
4        if (qbaWeatherData.length() % 24 != 0 || qbaWeatherData.length() == 0)
                                                         //检查数据长度
5        {
6            return - 1;                                 //数据长度不正确
7        }
8        qbaWeatherData = qbaWeatherData.right(24);       //取最后一组数据
9
10       if (verifySerialData(qbaWeatherData) != 0)       //校验数据
11       {
12           return - 2;                                 //数据校验错误
13       }
14
15       parseSerialData(qbaWeatherData);                 //解析数据
16       return 0;
17   }
```

GY-39 模块每秒报告一次气象信息，每组气象信息的长度为 24 字节。由于读取气象信息的频率不确定，因此串口缓冲区内可能会同时包含多组气象信息。为了获取其中最新的一组信息，首先要判断接收到的数据是否是 24 字节的整数倍（第 4 行），然后取出最后 24 字节进行后续处理（第 8 行）。第 10 行调用函数 verifySerialData()对读取的数据进行校验。如果校验结果正确，则调用函数 parseSerialData()进行数据解析（第 15 行）。

**2. 数据完整性校验**

GY-39 模块的数据校验的步骤是将所有的数据相加，取结果的低 8 位作为校验位。在下列代码中使用 foreach 语句分别对光照强度数据以及温度和湿度数据进行了校验。

```
int ClassGY39::verifySerialData(QByteArray qbaSerialData)
{
    unsigned int nSum = 0;                                //保存求和结果
    foreach (char cTmp, qbaSerialData.left(8))            //开始校验光照强度数据
    {
        nSum += cTmp;                                     //进行累加操作
    }

    if ((nSum % 256) != (unsigned char)qbaSerialData.at(8))  //求和结果是否等于校验位
    {
        return - 1;                                       //不等于则返回 - 1,等于则继续
    }

    nSum = 0;                                             //求和结果清零
    foreach (char cTmp, qbaSerialData.right(15).left(14)) //开始校验气象数据
    {
        nSum += cTmp;                                     //进行累加操作
```

```
    }

    if ((nSum % 256) != (unsigned char)qbaSerialData.at(23)) //求和结果是否等于校验位
    {
        return - 2;                                          //不等于则返回-2,等于则继续
    }
    return 0;
}
```

### 3. 数据解析

parseSerialData()函数负责将原始数据解析成具体的测量结果(计算公式见 2.2.4
节)。需要特别注意的是,读取的串口数据需要存储在 QByteArray 变量中,但是
QByteArray 会将其中的每个元素都作为有符号数处理。在某些特定的情况下,计算结果会
出现问题。以下列原始测量数据为例(下画线标出的是照度数据)。

```
5A 5A 15 04 00 2E 12 EC F9 5A 5A 45 0A 0B 58 00 9A 9E 4E 14 13 00 00 13
```

由于照度的测量结果总是非负的(气压、湿度等亦同),因此数据的每一字节都代表了一
个正数。正常情况下,实际的照度值应该为:

$$(0x00 \ll 24) + (0x2E \ll 16) + (0x12 \ll 8) + 0xEC$$
$$= (0000\ 0000B \ll 24) + (0010\ 1110B \ll 16) + (0001\ 0010B \ll 8) + 1110\ 1100B$$
$$= 0 + 3\ 014\ 656 + 4\ 608 + 236$$
$$= 3\ 019\ 500$$

但是 QByteArray 会将每一字节都作为有符号数处理。这就会导致计算结果变为(带
下画线的是 QByteArray 误认的符号位):

$$(0x00 \ll 24) + (0x2E \ll 16) + (0x12 \ll 8) + 0xEC$$
$$= (\underline{0}000\ 0000B \ll 24) + (\underline{0}010\ 1110B \ll 16) + (\underline{0}001\ 0010B \ll 8) + \underline{1}110\ 1100B$$
$$= 0 + 3\ 014\ 656 + 4\ 608 - 20$$
$$= 3\ 019\ 244 \neq 3\ 019\ 500$$

要解决这一问题,可以将 QByteArray 转换为 C 语言中常用的 unsigned char 类型进行
计算。

但是对于温度、海拔高度数据,情况又有所不同。这两个数据的测量结果既可以是正
数,也可以是负数。所以这两个数据的原始测量结果的最高字节是有符号的,其余字节是无
符号的。在计算数据的过程中,不同字节应当按不同的方式来计算。

按照上面的思路,可以得到 parseSerialData()的代码:

```
int ClassGY39::parseSerialData(QByteArray qbaSerialData)
{
    unsigned char * cData = (unsigned char * )qbaSerialData.data();   //转换为无符号数组
```

```
    int nIllumi = (cData[4] << 24) + (cData[5] << 16) + (cData[6] << 8) + cData[7];
                //光照数据恒正,采用无符号的数据进行计算
    float fTemp = ((qbaSerialData[13] << 8) + cData[14]) / 100.0;
                //温度数据高字节采用有符号的数据计算,低字节采用无符号的数据计算
    float fPre = ((cData[15] << 24) + (cData[16] << 16) + (cData[17] << 8) + cData[18]) /
100.0 / 1000.0;
    int nHum = ((cData[19] << 8) + cData[20]) / 100.0;
    int nAlti = (qbaSerialData[21] << 8) + cData[22];

    setIllumination(nIllumi);
    setTemperature(fTemp);
    setPressure(fPre);
    setHumidity(nHum);
    setAltitude(nAlti);

    return 0;
}
```

### 5.2.4    PR-3000 模块的数据读取和处理

PR-3000 模块的情况与 GY-39 模块的情况稍有不同。由于 PR-3000 模块的数据读取流程较为复杂,涉及 Modbus 协议问询帧和应答帧的交替处理,因此只为 ClassPR3000 类增加了两个成员函数,即负责数据读取和解析的 readSerialData() 和负责 CRC16 校验的 crc16Verify()。

**1. 串口数据读取和解析**

首先为 ClassPR3000 类增加两个 QByteArray 类型的成员变量:m_qbaRequestWS 和 m_qbaRequestWD,分别用于存储风速和风向问询帧:

```
private:
    QByteArray m_qbaRequestWS = QByteArray::fromHex("010300000001840A");
    QByteArray m_qbaRequestWD = QByteArray::fromHex("020300000002C438");
```

然后完成函数 readSerialData():

```
1    int ClassPR3000::readSerialData(QSerialPort * serialPort)
2    {
3        QEventLoop eventLoop;                          //定义事件循环
4
5        serialPort -> write(m_qbaRequestWS);          //风速部分发送问询帧
6        QTimer::singleShot(200, &eventLoop, SLOT(quit()));
7        eventLoop.exec();
8        QByteArray qbaWSData = serialPort -> readAll();
9
10       if (0 != crc16Verify(qbaWSData.left(5), qbaWSData.right(2)))
11       {
```

```
12          return - 1;
13       }
14
15       float fWindSpeed = (qbaWSData.at(3) * 256 + qbaWSData.at(4)) / 10.0;
16       setWindSpeed(fWindSpeed);
17
18       //风向部分与上述风速部分类似,此处略去
19       return 0;
20    }
```

因为该函数涉及 Modbus 协议的通信,所以流程较为复杂。代码第 5 行发送了风速模块的问询帧。由于模块在执行指令时需要一定的时间,因此在第 6 行和第 7 行添加了一个 EventLoop(事件循环)。通过事件循环可以临时阻塞当前程序,并在满足一定条件后继续运行程序。关于事件循环的细节将在第 6 章讲解。当风速模块返回了风速信息后,事件循环自动退出,并运行 readAll()函数读取缓冲区内容(第 8 行)。代码的第 10~13 行是对风速信息进行 CRC16 校验。第 15 行和第 16 行对校验后的数据进行解析。风向部分的代码与风速部分的代码十分类似,可以参阅示例代码。

**2. CRC 校验的实现**

CRC 算法的思路在第 1 章中已经做了介绍。在实际应用中,CRC16 的实现有查表法和实时计算法两种。查表法是提前制作好 CRC16 的参考表格,校验时根据数据和参考表格经过简单计算迅速得到结果。实时计算法则是严格按照 CRC16 的算法,根据实际数据进行计算。以下是 CRC16 实时计算法的代码:

```
int ClassPR3000::crc16Verify(QByteArray qbaData, QByteArray qbaCheckSum)
{
   quint16 data8, crc16 = 0xFFFF;

   for (int i = 0; i < qbaData.size(); i++)
   {
      data8 = qbaData.at(i) & 0x00FF;
      crc16 ^= data8;
      for (int j = 0; j < 8; j++)
      {
         if (crc16 & 0x0001)
         {
            crc16 >>= 1;
            crc16 ^= 0xA001;
         }
         else
         {
            crc16 >>= 1;
         }
      }
   }
}
```

```
    crc16 = (crc16 >> 8) + (crc16 << 8);

    if ((crc16 / 256) == (unsigned char)qbaCheckSum.at(0))
    {
        if ((crc16 % 256) == (unsigned char)qbaCheckSum.at(1))
        {
            return 0;
        }
    }
    return 1;
}
```

## 5.2.5  界面更新函数的进一步修改

在第 4 章中已经实现了界面更新函数 updateUI()。本章因为更换了控件，所以需要对该函数进行更新。更新后的代码如下：

```
1    void MainWindow::updateUI()
2    {
3        ui->gaugeSimpleHumidity->setValue(m_GY39Device->getHumidity());
4        ui->gaugeSimpleTemperature->setValue(m_GY39Device->getTemperature());
5        ui->gaugeSimpleWindSpeed->setValue(m_PR3000Device->getWindSpeed());
6        ui->gaugeCompassPanWindDirection->setValue(m_PR3000Device->getWindDirection());
7
8        ui->navLabelPressure->setText(QString::number(m_GY39Device->getPressure(), 'f', 3));
9        ui->navLabelIllumination->setText(QString::number(m_GY39Device->getIllumination()));
10       ui->navLabelAltitude->setText(QString::number(m_GY39Device->getAltitude()));
11
12       ui->waveChartTemperature->addData(m_GY39Device->getTemperature());
13       ui->waveChartHumidity->addData(m_GY39Device->getHumidity());
14       ui->waveChartIllumination->addData(m_GY39Device->getIllumination() / 1000);
15       ui->waveChartWindSpeed->addData(m_PR3000Device->getWindSpeed());
16   }
```

在第 8 行中，由于气压以 Pa 为单位存放在变量中，但是在显示过程中希望以 kPa 为单位进行显示，因此按照浮点数的形式进行转换，并保留 3 位小数。历史记录页面中的控件类型为 WaveChart。调用该类控件的 addData() 函数可以将数据添加到控件中（第 12～15 行）。

## 5.2.6  手动读取数据的实现

单击“读取测量数据”按钮后，程序会读取硬件模块的数据并显示在界面上，还会根据报警开关的状态确定是否开启报警功能。要实现这些功能，需要在按钮的槽函数中加入如下内容：

```
1    void MainWindow::on_pushButtonGetHardwareData_clicked()
2    {
3        int nGY39DataValidFlag = -1, nPR3000DataValidFlag = -1;
4        if (m_nSerialWeatherOpenedFlag == 1)
5        {
6            nGY39DataValidFlag = m_GY39Device->readSerialData(m_serialWeather);
7        }
8
9        if (m_nSerialWindOpenedFlag == 1)
10       {
11           nPR3000DataValidFlag = m_PR3000Device->readSerialData(m_serialWind);
12       }
13
14       if ((nGY39DataValidFlag == 0) || (nPR3000DataValidFlag == 0))
15       {
16           updateUI();
17           if (ui->imageSwitchAlarm->getChecked())
18           {
19               alarm();
20           }
21   }
```

在该代码中,第6行和第11行依次读取GY-39模块和PR-3000模块的数据,并使用变量 nGY39DataValidFlag 和 nPR3000DataValidFlag 记录数据是否有效。如果有效,则变量的取值为0。只要有一个模块的数据读取成功,程序就可以更新界面(第16行)。紧接着程序会判断报警功能是否启用(第17行)。如果启用,则调用 alarm()函数进行判断和报警(第19行)。

## 5.2.7 菜单功能的实现

虽然 V0.2 版的程序的功能相对简单,但是仍设计了菜单和快捷键,如图5.21所示。

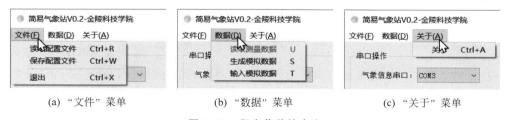

(a) "文件"菜单          (b) "数据"菜单          (c) "关于"菜单

**图 5.21  程序菜单的内容**

在所有的菜单项中,本章可以实现的只有"文件"菜单的"退出"、"数据"菜单的"读取测量数据"、"关于"菜单的"关于"。因为退出功能在前面已经介绍过了,所以此处主要讲解"读取测量数据"菜单项和"关于"菜单项的实现。

在 Action Editor 中将"读取测量数据"菜单项命名为 menuGetHardwareData。由于

"读取测量数据"菜单项的功能与"读取测量数据"按钮的功能相同,因此可以在菜单项的槽函数中直接调用"读取测量数据"按钮的槽函数,即

```
void MainWindow::on_menuGetHardwareData_triggered()
{
    on_pushButtonGetHardwareData_clicked();
}
```

按照习惯,单击"关于"菜单项后会弹出一个介绍程序相关信息的对话框。本例使用 Qt 消息对话框类 QMessageBox 的静态函数 information()显示一个简易的信息(information)对话框。要实现这一功能,首先要引用头文件:

```
# include <QMessageBox>
```

然后将"关于"菜单项的槽函数修改为:

```
void MainWindow::on_menuAbout_triggered()
{
    QMessageBox::information(this, "关于","简易气象站 V0.2\r\n——金陵科技学院电子信息工程学院");
}
```

information()函数的第一个参数是父窗体的指针,第二个参数是对话框的标题,第三个参数是对话框的内容。图 5.22 是"关于"对话框的运行结果。

**图 5.22　气象站程序的"关于"对话框**

Qt 提供了 5 种不同类型的对话框。除了上面使用的信息对话框外,还有 about(关于)、question(询问)、warning(警告)、critical(关键错误)对话框。这几种对话框的用法大致相同,读者可以顺次尝试。

## 5.3　程序运行结果

本章主要完成了界面的更新和串口数据的读取、处理。下面是这部分功能的测试结果。

（1）图 5.23 是程序启动后的界面。程序启动后首先检测计算机的串口，并将串口信息输出在日志区域和串口列表中。在本例中，程序共检测到了 4 个串口信息，其中有两个来自于 USB 转接板。此外，程序启动后界面中的各个控件显示默认值，警告图标为绿色。

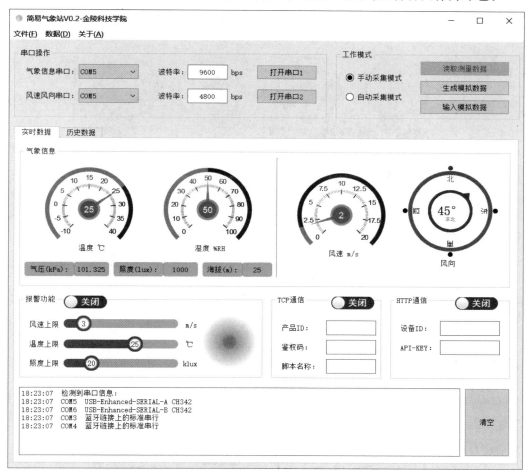

**图 5.23　程序启动后的界面**

（2）图 5.24 是打开串口并读取一组数据后，程序的运行结果。选择串口号并打开串口后，程序首先会在日志区域输出打开串口的结果。结果中的"已打开"代表打开成功。单击"读取测量数据"按钮后，程序会通过硬件读取数据并显示在日志区域和控件中。由于报警功能处于关闭状态，虽然风速、温度、照度等数据均超过了限值，但是程序不会报警。

（3）打开报警功能并重新读取一组测量数据，如图 5.25 所示。因为风速和照度值均超过了限值，所以程序开始报警。报警的现象与第 4 章相同，包括红色闪烁的图标和日志文字提示。

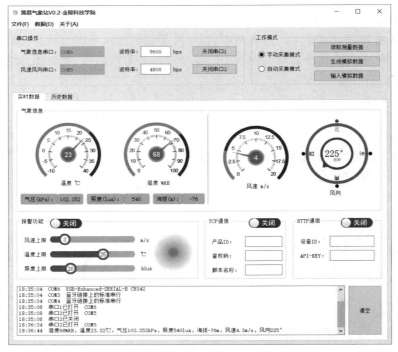

**图 5.24 读取并显示一组测量数据**

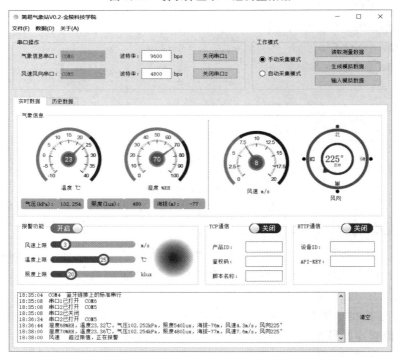

**图 5.25 测量结果超过限值时，程序报警**

（4）切换到历史数据界面，重复进行几次测量，程序自动显示历史记录曲线，如图5.26所示。需要注意的是，QUC SDK 无法自动调整纵坐标的显示范围，只能按照事先设定好的范围显示。对于温度这种变化缓慢的数据，其图形经常呈一条直线。要解决这一问题，可以使用变量记录下数据的最大值和最小值，然后调用控件的函数调整纵坐标范围。

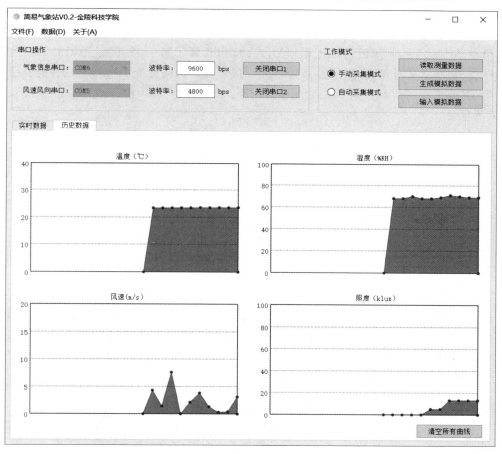

图 5.26　历史数据界面

# 5.4　本章小结

本章介绍了 Qt 中串口操作的方法、QUC SDK 的安装和使用方法、菜单的使用方法 3 部分内容，同时利用这些知识完成了简易气象站 V0.2 版的程序，实现了读取硬件数据的功能。在学习了本章的内容后，还可以学习串口蓝牙、串口 Wi-Fi 等模块的使用方法，并通过 Qt 编写程序控制这些模块；也可以试着动手编写一个简单的串口调试助手软件；如果有绘制图形、曲线的需要，也可以学习 QCustomPlot、QWT 等库的使用。

## 扩展阅读：阿里巴巴——中国重要的开源参与者

近几年，开源在国内异常火热，其全称为开放源代码，最大的特点是开放。任何人都可以得到软件的源代码，并可以修改、学习甚至重新发布代码。百度、阿里巴巴、华为、腾讯、浪潮等公司均是我国重要的开源软件贡献者。

早在 2010 年时，阿里巴巴的工程师们便在杭州开源了第一个项目——Dubbo。这是一款高性能、轻量级的开源服务框架，可提供面向接口代理的高性能 RPC 调用、智能容错和负载均衡、服务自动注册和发现。之后几年，阿里巴巴又相继开源了 Fastjson、Druid、Sea.js、Arale 等项目。

2017 年 9 月，阿里巴巴发起了 OpenMessaging 项目。这一项目也正式入驻 Linux 基金会，成为国内首个在全球范围发起的分布式计算领域的国际标准。在随后的一年里，OpenMessaging 开源标准社区又吸引了十余家企业的参与，获得了 RocketMQ、RabbitMQ 和 Pulsar 等 3 个消息开源厂商的支持。

迄今为止，阿里巴巴开源项目数已超过 2700 个，覆盖大数据、云、AI、数据库、中间件、硬件等多个领域。这些开源的项目收获了超过一百万颗星（Star），参与贡献的开发人员达到几万人。阿里巴巴已成为十多个国内外开源基金会重要成员，包括 CNCF、MariaDB 基金会白金会员。

阿里巴巴开源技术委员会负责人曾说过，"各种成就的背后，离不开每一个开发者的耕耘和创造。我们经常发现，当各种喧嚣归于平静，当各种繁华归于平淡，我们的工程师们依然不变初心，追求着自己的梦想：通过代码这一种最直接的语言，通过开源这一种最简单的方式，寻找着技术路上的下一个突破点，寻找着技术对于社会创造的更多价值。开源是开发者最大的同心圆，未来，我们希望与更多开源人一起，用技术普惠世界。"

# 第6章

# 信号和槽、定时器、多窗口编程

本章主要学习信号和槽的相关知识。信号和槽是 Qt 编程的核心机制,也是 Qt 的一大创新。借助信号和槽,在 Qt 中实现各个组件、各个函数之间的交互和信息传递变得十分方便。在前几章的学习中,其实已经多次用过控件的信号和槽了。

在本章的基础知识部分,首先介绍了信号和槽的基础知识,包括信号和槽的含义、系统自带控件的信号和槽的使用、自定义信号和槽的方法。然后在信号和槽的基础上介绍了定时器、事件过滤器、事件循环、子窗口、配置文件的使用等内容。信号和槽是 Qt 开发的重点和难点,学习时务必重视。

在本章的实践案例部分,使用信号和槽对简易气象站 V0.2 版程序进行了全面升级,具体包括:

(1)使用信号和槽对程序运行逻辑进行改进。

(2)使用定时器实现定时读取硬件数据功能。

(3)通过子窗口实现手动输入数据功能,并通过信号和槽实现主窗口和子窗口的数据传递。

(4)使用配置文件保存程序参数。

##  6.1 基础知识

### 6.1.1 信号和槽的概念

信号和槽是 Qt 编程的核心内容。在前面的学习中多次用到的"转到槽"功能,实际上就用到了控件自带的信号和槽。那究竟什么是信号和槽呢?

在程序运行过程中,在某个事情发生时(如按钮被单击),会在程序内部广播(常称为"发射")一段特定的消息,也就是信号(signal)。程序内的所有函数都可以"看到"这个信号。例如,按钮最常见的信号是鼠标单击时的 clicked()信号,组合框最常见的信号是选中的列表项发生变化时的 CurrentIndexChanged()信号等。

槽(slot)是响应信号的函数,也称为"槽函数"。从功能上看,槽函数首先是一个 C++ 函

视频讲解

数,可以定义在类的任何部分（public、private 或 protected 字段下）,可以有参数,在符合访问权限的前提下也可以被其他函数调用。其次,槽函数可以连接（connect）到一个或多个信号。当有信号发射时,与之相连接的槽函数会自动执行。信号和槽可以根据需要随时连接和断开。

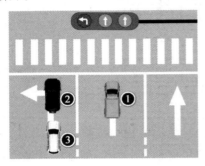

图 6.1　生活中的"信号和槽"举例

生活中也有类似"信号和槽"的例子。图 6.1 展示了一个十字路口的交通状况示意图。当直行灯亮后,所有汽车的驾驶员都能观察到这一事件,但是只有中间直行车道的①号驾驶员会响应这一事件,左侧车道的②、③号驾驶员不会响应这一事件。在这个例子里,红绿灯是发送信号的对象,直行灯亮是发送的信号。驾驶员是接收信号的对象,而启动车辆的一系列操作则是槽函数。当①号汽车进入直行车道的一瞬间,驾驶员就与直行灯建立了连接。而位于左转车道的②、③号驾驶员因为与直行灯没有连接,所以不响应直行灯信号。

## 6.1.2　信号和槽的使用

Qt 自带的控件提供了丰富的信号和槽,编程时可以直接使用。但有时为了实现更复杂的操作,需要自定义信号和槽。本节首先介绍 Qt 控件提供的信号和槽,然后再介绍自定义信号和槽的方法。

### 1. 控件的信号和槽

在前面章节的学习过程中,已经多次用到了"转到槽"对话框。图 6.2 是 Push Button（按钮）控件的"转到槽"对话框,里面列出了按钮控件的所有信号。在讲解按钮的使用时,已经使用过鼠标单击信号 clicked()了。此外,按钮常用的信号还有鼠标左键按下的 pressed()信号、鼠标左键松开的 released()信号等。

不同控件具有的信号一般不同。如果对信号有疑问,可以查阅 Qt 的文档。但是控件之间可能会存在继承关系,查阅控件信号时往往还需要查阅基类的信号。例如,如果要查询 Push Button 控件的 toggled()信号的含义,那么只查阅 QPushButton 类的文档是无法获取相关信息的,此时需要继续查阅 QPushButton 类的父类,也就是 QAbstractButton 类的文档。

信号由信号名和一对括号构成,如 clicked()。从形式上看,信号名十分类似于函数名。有的信号还带有参数,如 clicked(bool)。槽函数在响应信号的时候,可以接收信号的参数并进行处理。这种传递数据的方法在 Qt 中非常常用。

如果在如图 6.2 所示的"转到槽"对话框中选中 clicked()信号,然后单击 OK 按钮,Qt 会自动生成 clicked()信号对应的槽函数:

图 6.2 按钮控件能响应的信号

```
void MainWindow::on_pushButton_clicked()
{

}
```

Qt 对控件槽函数的命名遵循以下规则：

on_控件名_信号名(参数列表,可为空)

按照这样的规则可以根据槽函数的名称判断槽函数的功能。如果槽函数名为 on_pushButton_clicked(),那么该函数会响应名为 pushButton 的控件的 clicked()信号。如果槽函数名称为 on_comboBox_currentIndexChanged(),那么该函数会响应名为 comboBox 的控件的 currentIndexChanged()信号。

如果开发者在手工编写函数时也按上述格式命名,会出现什么效果呢? 答案是系统会将手工编写的函数认作控件的槽函数。这是因为系统在调用槽函数时只关心函数的名称,不关心函数的来源(自动生成还是手工编写)。只要函数名符合规则,就会判定为槽函数。

**2. 控件的信号和槽的应用**

下面看一个控件槽函数的例子(参见示例代码\ch6\ch6-1AirDrop\)。如图 6.3 所示,程序界面左侧是用于输入文字的控件 lineEditIn,右侧是用于输出文字的控件 textEditOut。在输入文字时,文字内容会实时"隔空投送"到 textEditOut 中。

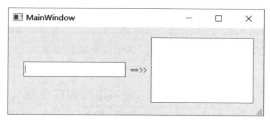

图 6.3 "隔空投送"演示程序界面

要实现"隔空投送"功能，首先要打开 lineEditIn 控件的"转到槽"对话框，如图 6.4 所示。

**图 6.4　lineEditIn 控件的"转到槽"对话框**

文本框控件能响应的信号也非常丰富，如按 Enter 键的信号 returnPressed()、文字发生改变的信号 textChanged(QString)等。本例使用 textChanged(QString)信号。信号的参数是文字发生改变后文本框的内容。单击"转到槽"对话框的 OK 按钮，然后在槽函数中输入如下内容：

```
void MainWindow::on_lineEditIn_textChanged(const QString &arg1)
{
    ui->textEditOut->append(arg1);
}
```

可以想象，每次调用槽函数时，系统都会将 lineEditIn 控件的内容"隔空投送"到 textEditOut 控件中。而每次修改 lineEditIn 中的内容，系统都会自动调用槽函数。图 6.5 是输入字符串"Hello!"时程序的运行结果。可以看到，每输入一个字符，程序都会打印一遍文本框的内容。

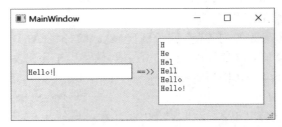

**图 6.5　"隔空投送"演示程序的运行结果**

### 3. 自定义信号和槽

除了使用系统控件提供的信号和槽以外，还可以在程序中定义自己的信号和槽，从而实现更复杂的功能。自定义信号和槽需要 4 个步骤，即定义信号和槽、完成槽函数、连接信号和槽、发射信号。

下面通过一个例子讲解自定义信号和槽的使用（参见示例代码\ch6\ch6-2UserDefinedSignalSlot\）。程序的界面如图 6.6 所示。程序的功能是每次用户按下按钮（控件名为 pushButtonEmit），都会发射信号 signal_showText(QString text)。信号的参数是文本框（控件名为 lineEdit）的内容。槽函数有两个，分别为 slot_A() 和 slot_B()。它们的功能是接收信号发来的数据并显示在界面下方的

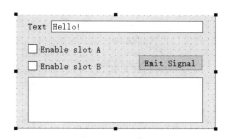

图 6.6　自定义信号和槽的演示程序界面

多行文本框（控件名为 textEdit）中。两个复选框（控件名分别为 checkBoxA 和 checkBoxB）分别控制着两个槽函数和信号之间的连接/断开。下面按照上面提到的 4 个步骤完成这个程序。

（1）定义信号和槽。定义信号需要在类的 signals 字段下进行。signals 是 Qt 特有的关键词，在类中与 public、private、protected 并列。定义信号的语法类似于定义函数的语法。但是信号只需要定义，不需要代码实现。

槽函数在类的 slots 字段下定义。slots 和 signals 一样，也是 Qt 特有的关键词。槽函数作为类的成员函数，需要有明确的访问权限。所以在 slots 关键词前面还需要增加访问权限，如 private slots、public slots。无论是何种访问权限，都不影响槽函数响应信号的能力。只有将槽函数作为普通函数调用的时候，访问权限才起作用。槽函数的参数类型和数量应该与信号的参数类型和数量相同。

本例中定义信号和槽的代码如下：

```
// 示例代码\ch6\ch6 - 2UserDefinedSignalSlot\mainwindow.h
class MainWindow : public QMainWindow
{
    Q_OBJECT
private:
    //类的私有成员

public:
    //类的公有成员

signals:
    void signal_showText(QString text);        //自定义信号

private slots:
    void slot_A(QString text);                 //自定义槽函数
    void slot_B(QString text);                 //自定义槽函数
}
```

（2）完成槽函数。根据功能需求，两个槽函数代码如下：

```cpp
// 示例代码\ch6\ch6-2UserDefinedSignalSlot\mainwindow.cpp
void MainWindow::slot_A(QString text)
{
    ui->textEdit->append(QString("Slot A: ") + text);
}


void MainWindow::slot_B(QString text)
{
    ui->textEdit->append(QString("Slot B: ") + text);
}
```

（3）连接信号和槽。如果说信号像人的大脑、槽函数像人的肌肉，那么信号和槽之间的连接就是神经系统。只有当二者建立了连接，才能完成特定的功能。连接信号和槽可以通过 connect()函数实现。该函数的调用方式是：

```cpp
connect(sender, SIGNAL(signal()), receiver, SLOT(slot()));
```

sender 是发射信号的对象名称，signal()是信号名称，receiver 是接收信号的对象名称，slot()是槽函数的名称。SIGNAL()和 SLOT()是 Qt 定义的宏，用于处理信号和槽的名称并将参数转换为相应的字符串。

例如，要连接信号 signal_showText(QString text)和槽函数 slot_A(QString text)，只需要按照上述格式调用 connect()函数即可：

```cpp
connect(this, SIGNAL(signal_showText(QString)), this, SLOT(slot_A(QString)));
```

由于信号和槽都是在主窗口类中定义和使用的，因此 sender 和 receiver 都是 this，即主窗口本身。对于信号和槽分别归属于不同类的情况，要按实际情况指明 sender 和 receiver。具体将在 6.2 节中介绍。对于有参数的信号和槽，在连接/断开时需要指明参数的类型，但无须指明参数的名称。

类似地，要断开信号和槽的连接，可以使用 disconnect()函数。其调用格式与 connect()函数相同，即

```cpp
disconnect(sender, SIGNAL(signal()), receiver, SLOT(slot()));
```

在本例中，希望在单击复选框时根据复选框的状态控制信号和槽函数之间的连接。因此需要在 checkBoxA 的 stateChange()信号的槽函数（这是控件自带的信号和槽）中控制 slot_A()和 signal_mySignal()之间的连接，即

```cpp
// 示例代码\ch6\ch6-2UserDefinedSignalSlot\mainwindow.cpp
void MainWindow::on_checkBoxA_stateChanged(int arg1)
{
    if (ui->checkBoxA->isChecked())    //如果选中则连接信号和槽
    {
        connect(this, SIGNAL(signal_showText(QString)), this, SLOT(slot_A(QString)));
```

```
    ui->textEdit->append("Signal and Slot A connected.");
    }
    else      //如果取消选中则断开信号和槽
    {
    disconnect(this, SIGNAL(signal_showText(QString)), this, SLOT(slot_A(QString)));
    ui->textEdit->append("Signal and Slot A disconnected.");
    }
```

同样地,也要在 checkBoxB 的 stateChange()信号的槽函数中控制 slot_B()和 signal_showText()之间的连接。这部分代码和上面的代码基体相同,此处不再赘述。

（4）发射信号。发射信号需要使用 emit 关键字,即

```
emit signal();
```

发射信号的重点是确定发射的时机。按照程序的功能要求,应该在单击按钮后处理文本框中的内容,所以要在按钮的 clicked()信号的槽函数(这是控件自带的信号和槽)中发射信号,即

```
void MainWindow::on_pushButtonEmit_clicked()
{
    emit signal_showText(ui->lineEdit->text());
}
```

这样就完成了程序的设计。编译并运行程序,首先将两个复选框全部勾选并单击按钮,程序运行结果如图 6.7 所示。由于两个槽函数都连接了信号,因此会有两条信息输出。

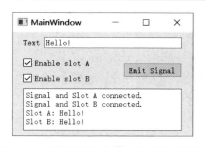

**图 6.7 同时连接两个槽函数的运行结果**

取消一个复选框的选中状态并单击按钮,此时只有一条信息输出,如图 6.8 所示。

继续取消另一个复选框的选中状态并单击按钮,由于信号和槽之间的连接全部断开了,所以程序没有任何输出,如图 6.9 所示。

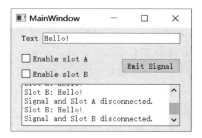

**图 6.8 只连接一个槽函数的运行结果**      **图 6.9 不连接任何槽函数的运行结果**

本例演示了将一个信号连接到多个槽函数的方法。实际上，一个槽函数也可以同时连接多个信号，甚至还可以将一个信号连接到另一个信号。在 Qt 5 中还可以启用 C++ 11 的语法，使用 Lambda 表达式来实现更灵活的信号和槽的编程。受篇幅限制，本书对此不作展开。

## 6.1.3　定时器的使用

视频讲解

### 1．定时器类介绍

在编写程序过程中，有时会周期性地执行某项操作，这时就需要使用 Qt 的定时器类 QTimer。定时器就像日常生活中使用的闹钟，首先要设置一个时间（如 6:00 起床），然后启动闹钟（启动定时器）。当时间到了以后，闹钟会发出铃声（定时器发射 timeout()信号、槽函数响应 timeout()信号）。因此定时器类的使用主要包括定时和启动两个步骤。

要使用 QTimer 类，需要引用头文件：

```
#include <QTimer>
```

QTimer 类常用的成员函数有：

（1）void start(std::chrono::milliseconds msec)——启动定时器，参数为定时时间（单位为毫秒），如：

```
QTimer myTimer;          //定义一个定时器对象
myTimer.start(1000);     //启动定时器,定时时间 1000ms
```

（2）void stop()——停止定时器。

（3）void setTimerType(Qt::TimerType type)——设置定时器精度。Qt 提供了 3 种定时策略，分别为精确的定时（Qt::PreciseTimer，毫秒级精度）、粗略的定时（Qt::CoarseTimer，5％左右的定时误差）、非常粗略的定时（Qt::VeryCoarseTimer，精度在 1s 左右）。默认情况下使用粗略的定时策略。

（4）void singleShot(int msec, const QObject * receiver, const char * member)——单次定时。该函数有多种重载形式，这里列出了较为常用的一种。调用该函数时，定时一次便立即停止。定时的时间由参数 msec 指定，单位为 ms。定时结束后会自动调用接收者 receiver 的槽函数 member。

QTimer 类的信号只有一个，即 timeout()。当定时结束后，会自动发射该信号。

### 2．定时器的使用

此处以一个简易计时器为例介绍定时器的使用（参见示例代码\ch6\ch6-3Timer\）。计时器的界面如图 6.10 所示。程序用 3 个按钮控制计时器的状态，使用系统自带的 LCD Number 控件显示时间（单位为秒）。

图 6.10　简易计时器的界面

要实现计时功能,需要为主窗口类增加一个 QTimer 对象 m_timer、一个用于存放当前时间的变量 m_fTime、一个用于响应定时器 timeout()信号并更新界面的槽函数 slot_update(),即

```
// 示例代码\ch6\ch6 - 3Timer\mainwindow.h
class MainWindow : public QMainWindow
{
    Q_OBJECT
private slots:
    void slot_update();              //槽函数
private:
    Ui::MainWindow * ui;
    QTimer m_timer;                  //定时器对象
    float m_fTime;                   //记录定时时间
    //略去部分代码
};
```

在主窗口类的构造函数中,将定时器的 timeout()信号和槽函数 slot_update()进行连接,同时初始化计时变量 m_fTime:

```
connect(&m_timer, SIGNAL(timeout()), this, SLOT(slot_update())); //连接信号和槽
m_fTime = 0;                                                      //计时变量归零
```

然后完成槽函数 slot_update()和 3 个按钮的槽函数:

```
// 示例代码\ch6\ch6 - 3Timer\mainwindow.cpp
void MainWindow::slot_update()
{
    m_fTime += 0.1;
    ui -> lcdNumber -> display(m_fTime);
}

void MainWindow::on_pushButtonStart_clicked()
{
    m_timer.start(100);              //启动定时器,定时时间 100ms
}

void MainWindow::on_pushButtonStop_clicked()
{
    m_timer.stop();                  //停止定时器
}

void MainWindow::on_pushButtonClear_clicked()
{
    ui -> lcdNumber -> display(0);
    m_fTime = 0;
}
```

图 6.11 是程序运行的结果。单击"启动"按钮后,程序开始计时,如图 6.11(a)所示。经过一段时间后单击"停止"按钮,程序停止计时。单击"清零"按钮后,数字归零,如图 6.11(b)所示。

(a) 单击"启动"按钮后开始计时　　　　　　(b) 单击"清零"按钮后数字归零

**图 6.11　简易计时器程序的运行结果**

多次观察计时时间后会发现,程序的计时时间不够精确。要提高计时精度,可以将定时器的定时策略修改为精确定时:

```
m_timer.setTimerType(Qt::PreciseTimer);
```

## 6.1.4　事件和事件过滤器的使用

### 1. 事件和事件过滤器

事件是程序内部或外部产生的事情或某种动作的通称。例如,当按下键盘或鼠标时,会产生一个键盘事件或鼠标事件。再如当程序的窗口第一次显示时,会产生一个绘制事件,从而通知窗口需要重新绘制。Qt 中常见事件包括鼠标事件、键盘事件、定时事件、上下文菜单事件、关闭事件、拖放事件、绘制事件等。

在 Qt 中,每个事件都有对应的类型。这些类型在 QEvent::Type 中有详细的定义,如代表鼠标双击的 QEvent::MouseButtonDblClick 事件,代表鼠标按键按下的 QEvent::MouseButtonPress 事件,代表鼠标移动的 QEvent::MouseMove 事件等。系统可以捕获这些事件,然后根据事件的类型和来源进行处理。

默认情况下,Qt 的事件均由系统自动处理。但是有时开发者会希望拦截某个事件并进行处理,从而实现自定义的功能。

例如,在 6.1.3 节的简易计时器中,LCD Number 控件没有 clicked()信号,所以不能响应鼠标单击事件。如果想实现单击 LCD Number 控件暂停/启动计时、右击 LCD Number 控件清零计时时间的功能,应该怎么办呢? 一种方法是用自定义类继承 QLCDNumber 类,然后重写 mousePressEvent 事件的处理函数。另一种方法是使用事件过滤器。事件过滤器可以对控件的事件进行过滤和拦截,从而改变处理事件的方式。这两种方法各有各的优点。如果有很多不同种类的控件都需要改变事件的处理方式,使用自定义类就比较复杂,这时可以使用事件过滤器。

### 2. 事件过滤器的使用

使用事件过滤器需要 3 步:

（1）在目标对象上调用 installEventFilter() 函数注册事件过滤器。也可以使用 removeEventFilter() 函数删除已有的事件过滤器。

（2）向类中添加 eventFilter() 函数,并完成事件处理代码。

（3）确定事件的后续去向,即是否需要将事件传递给系统处理。如果在 eventFilter() 函数中返回 false,那么事件将发送给系统。如果返回了 true,那么该事件会被丢弃,后续的事件过滤器和系统都不能检测到这一事件。

仍以 6.1.3 节的简易计时器为例,用事件过滤器为 LCD Number 控件增加鼠标单击、右击事件,从而实现单击 LCD Number 控件启动/暂停计时、右击 LCD Number 控件清零计时时间的功能(见示例代码\ch6\ch6-4EventFilter\)。具体步骤如下:

（1）要检测鼠标单击事件,需要引用 QMouseEvent 类的头文件。

```
# include < QMouseEvent >
```

QMouseEvent 类包含了用于描述鼠标事件的参数。在窗口中移动鼠标、按住鼠标按键、释放鼠标按键时,都会产生鼠标事件。

（2）在主窗口类的构造函数中调用 installEventFilter() 函数为 LCD Number 控件注册事件过滤器。

```
ui - > lcdNumber - > installEventFilter(this);
```

（3）在主窗口类定义中声明事件处理函数。

```
private:
    bool eventFilter(QObject * obj, QEvent * event);
```

eventFilter() 函数的函数名和参数类型均不可修改,但是参数名可以根据需要修改。

（4）完成 eventFilter() 函数,实现对鼠标左键单击事件的拦截处理。

```
1    // 示例代码\ch6\ch6 - 4EventFilter\mainwindow.cpp
2    bool MainWindow::eventFilter(QObject * obj, QEvent * event)
3    {
4        if (obj == ui - > lcdNumber)                        //是否是 lcdNumber 发生了事件
5        {
6            if (event - > type() == QEvent::MouseButtonPress)      //是否是鼠标单击事件
7            {
8                QMouseEvent * event2 = static_cast < QMouseEvent * >(event);
9                if (event2 - > button() == Qt::LeftButton)          //是否是鼠标右键
10               {
11                   if (m_timer.isActive() == 1)
12                   {
13                       m_timer.stop();          //如果计时器正在运行,则停止计时器
14                   }
15                   else
```

```
16                    {
17                        m_timer.start(100);                              //否则启动定时器
18                    }
19                }
20            else if (event2 -> button() == Qt::RightButton)    //是否是鼠标左键
21            {
22                m_fTime = 0;
23                ui -> lcdNumber -> display(0);
24            }
25        }
26    }
27    return QObject::eventFilter(obj, event);                    //将事件返回给系统
28 }
```

eventFilter()的参数 obj 是发生事件的对象，参数 event 是发生的事件。由于发生事件的对象不固定，因此要判断是不是我们所关心的控件发生了事件（第 4 行），同时还要确定发生的事件是不是鼠标单击事件（第 6 行）。

发生的事件 event 是通过 QEvent 类对象指针传来的。由于 QEvent 类是鼠标事件 QMouseEvent 类的基类，因此在第 8 行进行了类型转换，将基类对象指针 event 赋值给了派生类指针 event2。static_cast 是一个 C++运算符，类似于 C 语言中的强制转换。最后判断鼠标事件是否是右键单击还是左键单击（第 9 行、第 20 行），然后进行相应的操作。

代码的第 27 行是将事件过滤器捕获到的事件返回给系统（实际返回的值为 false），从而让系统继续进行事件处理。如果想屏蔽后续的处理过程，可以将代码改为 return true。

## 6.1.5  事件循环的使用

在第 2 章中曾经学习了风速模块的使用。由于风速模块的响应速度较慢，因此在发出指令后需要等待一段时间才能读取结果。从提高效率的角度出发，等待时间最好略大于甚至正好等于风速模块进行响应所需的时间。但是硬件模块的响应时间是无法预知的。在这种情况下，可以使用 Qt 的事件循环（EventLoop）来解决这个问题。

事件循环是一种等待机制，本质上是一个无限循环。运行事件循环后，程序会进入阻塞状态，直到收到退出信号后才能退出循环并执行后续的代码。Qt 的 QEventLoop 类提供了进入和退出事件循环的方法，其使用步骤如下：

（1）创建 QEventLoop 实例。

（2）连接事件循环的 quit()函数和退出信号。

（3）调用 exec()启动循环。

（4）等待事件循环退出，也可以主动调用 exit()函数强制退出。

在读取串口数据时可以使用事件循环。串口类的基类 QIODevice 提供了 readyRead()

信号。当设备接收到新的数据时会自动发射该信号。因而可以将 readyRead()信号作为事件循环的退出信号。假设 QSerialPort 类对象指针名为 m_port,那么这部分代码如下:

```
QEventLoop eventLoop;                                          //创建事件循环
connect(m_port, SIGNAL(readyRead()), &eventLoop, SLOT(quit()));  //连接退出信号
eventLoop.exec();                                              //启动事件循环,等待退出信号
QByteArray qbaData = m_port->readAll();                        //读取串口数据
```

此外,还可以调用定时器 QTimer 类的静态函数 singleShot()进一步改进上述代码,为事件循环增加超时退出的机制:

```
QEventLoop eventLoop;
connect(m_port, SIGNAL(readyRead()), &eventLoop, SLOT(quit()));
QTimer::singleShot(100, &eventLoop, SLOT(quit()));   //100ms 后退出事件循环
eventLoop.exec();
QByteArray qbaData = m_port->readAll();
```

当 singleShot()定时结束后,自动调用 quit()函数结束事件循环。这样即使设备迟迟没有发送数据,程序也可以在 100ms 后自动退出循环,从而避免了长时间的等待。

## 6.1.6 子窗口的使用和窗口间的数据传递

视频讲解

随着程序功能的不断丰富,仅使用单一窗口往往不能满足需要。以 Word 为例,除了主窗口,还有专门用于设置字体、段落、页面布局等的一系列子窗口。通过将不同的功能分门别类地放置在子窗口中,可以有效地提高操作效率。在 Qt 中,主窗口和子窗口都是以类的

形式存在的,因此添加子窗口和添加类十分类似。下面通过一个例子介绍 Qt 中子窗口的使用方法（见"示例代码\ch6\ch6-5SubWindow\"）。在这个例子中,主窗口上只有一个按钮,如图 6.12 所示。单击按钮后会弹出子窗口。要实现这个功能,首先要为工程增加一个子窗口类。

图 6.12 主窗口界面

**1. 添加子窗口**

在 Qt Creator 中选择"文件"→"新建文件或项目",打开"新建文件"对话框,如图 6.13 所示。在对话框的最左侧一列选择 Qt,在中间一列选择"Qt 设计师界面类",然后单击 Choose 按钮。

在如图 6.14 所示的"选择界面模板"对话框中,选择 Dialog with Buttons Bottom(带有底部按钮的对话框,也可以选择其他模板),单击"下一步"按钮。

在如图 6.15 所示的"选择类名"对话框中,为新窗口选择一个合适的类名(此处为 ClassSubWindow)和文件名。确认后,Qt Creator 会自动创建所需的文件并加入文件列表中,如图 6.16 所示。

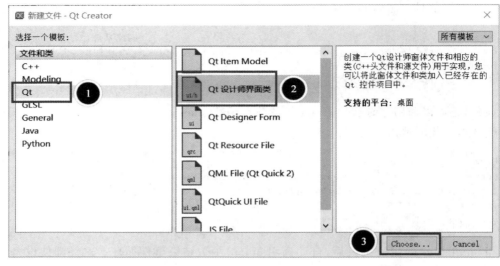

图 6.13  "新建文件"对话框

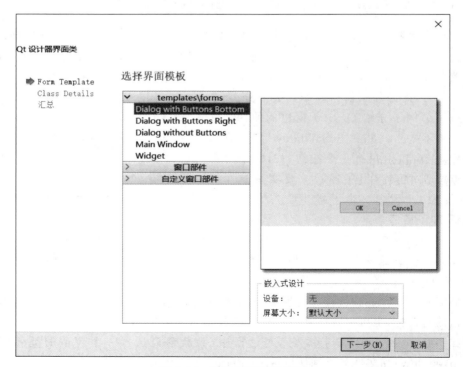

图 6.14  选择界面模板类型

图 6.15　输入新增窗口的类名

图 6.16　新增窗口后的文件列表

双击 classsubwindow.ui 可以打开子窗口的设计界面。模板自带了右下角的 OK、Cancel 按钮。可以在此基础上添加其他控件，如图 6.17 所示。

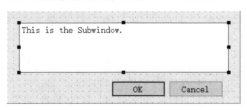

图 6.17　子窗口的设计界面

**2. 调用子窗口**

要在主窗口中使用子窗口，首先要在主窗口类中引用子窗口类的头文件，并在主窗口类中增加一个子窗口类的成员变量：

```
// 示例代码\ch6\ch6-5SubWindow\mainwindow.h
# include <QMainWindow>
# include "classsubwindow.h"              //引用子窗口的头文件
    //略去部分代码
class MainWindow : public QMainWindow
{
    //略去部分代码
private:
    Ui::MainWindow * ui;
    ClassSubWindow m_subWindow;           //添加子窗口成员变量
};
```

然后在主窗口按钮的槽函数中,调用子窗口的 show()函数：

```
// 示例代码\ch6\ch6-5SubWindow\mainwindow.cpp
void MainWindow::on_pushButton_clicked()
{
    m_subWindow.show();
}
```

运行程序,单击主窗口中的按钮,便可以弹出子窗口,如图 6.18 所示。

**图 6.18　通过主窗口调用子窗口**

### 3. 窗口间的数据传递

在编写应用时,经常需要在子窗口和主窗口之间传递数据。常用的方法有下面 3 种。

(1) 使用全局变量。在主窗口中添加用于保存数据的全局变量,然后在子窗口中访问全局变量,从而实现数据的传递。

(2) 使用公有成员函数。在子窗口类中增加公有成员函数用于接收数据。在主窗口中调用子窗口的公有成员函数,从而实现数据的传递。

(3) 使用信号和槽。在子窗口中定义信号,信号的参数是需要传递的数据。在主窗口中定义槽函数,用于接收信号发来的数据。当需要传递数据时,子窗口发射信号,主窗口的槽函数接收信号。

这 3 种方法涉及的原理和操作在前面都有提及,此处不再举例说明。在本章实践案例部分会采取后两种方法实现子窗口和主窗口之间的数据传递。

## 6.1.7 INI 配置文件的使用

### 1. INI 配置文件介绍

INI 文件(initialization file,初始化文件)常用于 Windows 操作系统中,是一些软件保存配置信息的非正式标准。下面是一个 INI 文件的例子:

```
[Baud]
UART1 = 9600
UART2 = 4800
[Alarm]
WindSpeed = 7
Temperature = 25
Illumination = 8000
```

INI 文件由节(section)和键(key)构成。节用方括号括起来,单独占一行。键又叫作属性(property),也单独占一行。每个键都包含键名和键值两部分。键名和键值之间通过英文的等号连接。在上面的例子中,有 Baud 和 Alarm 两个节,其中 Baud 包括两个键(UART1 和 UART2)、Alarm 包括 3 个键(WindSpeed、Temperature 和 Illumination)。

### 2. 使用 Qt 读写 INI 文件

Qt 提供的 QSettings 类可以实现 INI 文件读写、Windows 注册表读写等功能。要使用 QSettings 类,需要包含头文件:

```
# include < QSettings >
```

QSettings 类中关于 INI 文件读写的成员函数有:

- void beginGroup(const QString &prefix)——进入分组。
- void endGroup()——退出分组。
- void setValue(const QString &key, const QVariant &value)——写入键值。
- QVariant value(const QString &key)——读取键值。
- bool contains(const QString &key)——判断某个键值是否存在。

下面通过代码向 config.ini 文件的 Baud 节写入数据 UART1 = 9600,同时读取数据 UART2。如果 UART2 不存在,则自动创建对应的键(见示例代码\ch6\ch6-6INIFile\):

```
1   QSettings settings("config.ini", QSettings::IniFormat);    //打开 INI 文件
2   settings.beginGroup("Baud");                               //进入分组
3   settings.setValue("UART1", 9600);                          //写入键值
4   if (!settings.contains("UART2"))                           //判断是否存在键 UART2
5   {
6       settings.setValue("UART2", "4800");                    //若不存在,则创建
7   }
8   else
9   {
10      QString str = settings.value("UART2").toString();      //若存在,则读取
```

```
11  }
12  settings.endGroup();                              //退出分组
```

在使用 INI 文件时，首先需要打开文件并指明文件的格式（第 1 行）。由于 INI 文件以节为单位组织数据，因此读写数据前需要进入分组（第 2 行），读写数据后需要退出分组（第 12 行）。在写入键值时，若键不存在，则创建（第 6 行）。读取数据时，需要先判断数据是否存在（第 4 行）。

视频讲解

# 6.2　实践案例：简易气象站程序 V1.0 的实现

本节对 V0.2 版的气象站程序加以完善，引入信号和槽、子窗口、配置文件等内容。完善后，程序便具备了全部的基础功能，因而版本号也提升到 V1.0（见示例代码\ch6\ch6-7SimpleWeatherStationV1.0\）。

## 6.2.1　使用信号和槽改进程序

### 1. 改进思路

信号和槽代表着一种因果关系。信号在前，是因；槽在后，是果。因此在程序中具有因果关系的操作都可以试着用信号和槽进行改进。

V0.2 版本的程序实现了手动数据采集、界面更新、报警 3 个功能。从因果关系上看，数据采集是"因"，界面更新、报警是"果"。从必要性上看，界面更新是必需的，但报警功能要根据用户的意愿打开或关闭。所以可以用信号和槽对界面更新和报警两个功能进行改进。具体包括下列几个步骤：

（1）定义信号 signal_newDataArrived()，表示获取了新的数据。

（2）修改手动数据采集函数，在获取到数据后发射信号 signal_newDataArrived()。

（3）将界面更新函数 updateUI() 改为槽函数，并将之与信号 signal_newDataArrived() 连接。

（4）将报警函数 alarm() 改为槽函数。当启用报警功能时，将报警函数与信号 signal_newDataArrived() 连接；当停用报警功能时，将报警函数与信号断开。报警功能的启用与否在报警开关控件的鼠标单击事件中判断。

### 2. 改进步骤

（1）定义信号和槽函数。在 MainWindow 类中新增两个槽函数 slot_alarm() 和 slot_updateUI()，并增加信号 signal_newDataArrived()：

```
private slots:
    void slot_alarm();
    void slot_updateUI();
signals:
    void signal_newDataArrived();
```

为了区分槽函数和普通函数,本书为槽函数增加了前缀 slot_。类似地,定义信号时也使用了前缀 signal_。由于槽函数 slot_alarm()和 slot_updateUI()的函数名与前面程序使用的普通函数 alarm()和 updateUI()的函数名不同,此处建议暂时保留原有的普通函数,待掌握信号和槽的用法后再删除。

slot_alarm()函数的内容如下:

```cpp
void MainWindow::slot_alarm()
{
    int nAlarmFlag = 0;                                          //标志位,零为报警

    if (m_GY39Device->getTemperature() > ui->xsliderTemperatureLimit->value())
    {
        nAlarmFlag = 1;
    }
    if (m_GY39Device->getIllumination() > ui->xsliderIlluminationLimit->value() * 1000)
    {
        nAlarmFlag = 1;
    }
    if (m_PR3000Device->getWindSpeed() > ui->xsliderWindSpeedLimit->value())
    {
        nAlarmFlag = 1;
    }


    if (nAlarmFlag == 1)
    {
        ui->lightPoint->setBgColor(QColor(255, 0, 0));      //指示灯设为红色
        ui->lightPoint->setStep(10);                        //指示灯闪烁
    }
    else
    {
        ui->lightPoint->setBgColor(QColor(0, 255, 0));      //指示灯设为绿色
        ui->lightPoint->setStep(0);                         //指示灯停止闪烁
    }
}
```

slot_updateUI()函数的内容与 updateUI()的内容完全相同,只是函数名不同,此处不再给出代码。

(2) 对手动采集数据的函数进行修改。因为信号和槽可以自动运行,所以无须显式调用 slot_alarm()函数和 slot_update()函数,只需要在采集数据之后发射信号 signal_newDataArrived()即可。这一部分的代码如下:

```cpp
void MainWindow::on_pushButtonGetHardwareData_clicked()
{
    int nGY39DataValidFlag = -1, nPR3000DataValidFlag = -1;
    if (m_nSerialWeatherOpenedFlag == 1)
    {
```

```
        nGY39DataValidFlag = m_GY39Device->readSerialData(m_serialWeather);
    }

    if (m_nSerialWindOpenedFlag == 1)
    {
        nPR3000DataValidFlag = m_PR3000Device->readSerialData(m_serialWind);
    }

    if ((nGY39DataValidFlag == 0) || (nPR3000DataValidFlag == 0))
    {
        emit signal_newDataArrived();    //发射信号
    }
}
```

（3）控制信号和槽函数的连接。由于每次读取新数据后都需要更新界面，因此需要尽早建立槽函数 slot_updateUI() 和信号 signal_newDataArrived() 的连接。此处选择在MainWindow 类的构造函数中实施这一操作：

```
MainWindow::MainWindow(QWidget * parent) : QMainWindow(parent), ui(new Ui::MainWindow)
{
    //省略部分代码
    connect(this, SIGNAL(signal_newDataArrived()), this, SLOT(slot_updateUI()));
}
```

报警功能是可选的，需要根据报警开关控件（控件名为 imageSwitchAlarm）的状态进行判断。因为 ImageSwitch 控件不能响应鼠标单击事件，所以需要使用事件过滤器为它增加响应鼠标单击事件的功能，从而控制信号和槽的连接或断开。这部分的代码如下：

```
bool MainWindow::eventFilter(QObject * obj, QEvent * event)
{
    if (obj == ui->imageSwitchAlarm)                      //是否是报警控件发生事件
    {
        if (event->type() == QEvent::MouseButtonPress)   //是否是鼠标事件
        {
            QMouseEvent * event2 = static_cast<QMouseEvent *>(event);
                                                         //将基类指针赋值给派生类指针
            if (event2->button() == Qt::LeftButton)      //是否是左键单击
            {
                if (!ui->imageSwitchAlarm->getChecked()) //如果启用了报警功能
                {
                    connect(this, SIGNAL(signal_newDataArrived()), this, SLOT(slot_alarm()));
                                                         //连接槽函数
                }
                else
                {
                    disconnect(this, SIGNAL(signal_newDataArrived()), this, SLOT(slot_alarm
()));                                                    //断开槽函数
```

```
                ui->lightPoint->setBgColor(QColor(0, 255, 0));   //关闭指示灯
                ui->lightPoint->setStep(0);
            }
        }
    }
}
return QObject::eventFilter(obj, event);
}
```

## 6.2.2　使用定时器对程序进行改进

### 1. 定时采集数据功能的实现

"定时采集功能"指程序可以以一定的时间间隔自动读取硬件测量结果并进行处理。程序自动采集和人工手动采集在数据处理流程上没有差别,只是数据来源不同(分别是使用 QTimer 定时器读取数据和人工单击鼠标读取数据)。由于前面已经对 QTimer 的使用进行了介绍,所以此处直接讲解代码的修改过程。

首先为 MainWindow 类增加一个 QTimer 类型的成员变量和相应的超时处理函数:

```
private:
    QTimer * m_timerAutoGetData;
private slots:
    void slot_autoGetData_Timeout();
```

然后在 MainWindow 类的构造函数中申请内存空间:

```
m_timerAutoGetData = new QTimer();
```

根据程序运行逻辑,单击"自动采集模式"按钮后定时器启动,程序自动读取数据;单击 "手动采集模式"按钮后,定时器停止。因此在"自动采集模式"按钮的 clicked()槽函数中加入以下内容:

```
void MainWindow::on_radioButtonAutoMode_clicked()
{
    connect(m_timerAutoGetData, SIGNAL(timeout()), this, SLOT(slot_autoGetData_Timeout()));
    m_timerAutoGetData->start(2000);
}
```

在"手动采集模式"控件的 clicked()槽函数中加入以下内容:

```
void MainWindow::on_radioButtonManualMode_clicked()
{
    m_timerAutoGetData->stop();
    disconnect(m_timerAutoGetData, SIGNAL(timeout()), this, SLOT(slot_AutoGetData_Timeout()));
}
```

最后完成超时处理函数 slot_autoGetData_Timeout()。由于自动采集数据和手动采集数据在数据处理方面完全相同，只是数据来源方式不同。因此，在超时处理函数中直接调用手动采集数据按钮的槽函数即可：

```
void MainWindow:: slot_autoGetData_Timeout()
{
    on_pushButtonGetHardwareData_clicked();
}
```

**2. 定时刷新串口信息功能的实现**

在使用串口助手的过程中会发现，只要计算机中插入了新的 USB 转串口模块，串口助手就能立刻检测到新的串口，十分方便。但是在简易气象站程序中，只有程序启动的一瞬间才会检测计算机中的 USB 转串口模块。实际上，借助定时器类，也可以为气象站程序增加实时检测串口的功能。具体步骤如下：

（1）在主窗口类中新增 QTimer 类型的成员变量 m_timerAutoUpdateSerial 和相应的超时处理函数 slot_updateSerialInfo()。其中超时处理函数和 5.2.2 节的 updateSerialInfo()函数几乎一样，只是在函数最开始增加了一次判断——如果现有的串口数量和系统中串口数量相同，则跳过本次更新。代码如下：

```
void MainWindow::slot_updateSerialInfo()
{
    //判断串口数量是否发生改变
    if (QSerialPortInfo::availablePorts().count() == ui->comboBoxUart1->count())
    {
        return;
    }

    ui->comboBoxUart1->clear();
    ui->comboBoxUart2->clear();
    printLog("检测到串口信息:");

    foreach (const QSerialPortInfo &info, QSerialPortInfo::availablePorts())
    {
        ui->comboBoxUart1->addItem(info.portName());
        ui->comboBoxUart2->addItem(info.portName());
        printLog(info.portName(), info.description());
    }

    ui->comboBoxUart1->model()->sort(0);
    ui->comboBoxUart2->model()->sort(0);
}
```

（2）在主窗口的构造函数中连接信号和槽函数、启动定时器，代码如下：

```
connect(m_timerAutoUpdateSerial, SIGNAL(timeout()), this, SLOT(slot_updateSerialInfo()));
m_timerAutoUpdateSerial->start(1000);
```

（3）在程序运行过程中，根据串口打开的状态控制信号和槽函数的连接/断开。具体逻辑是：有串口打开时暂停串口信息的更新，即断开信号和槽的连接；没有串口打开时恢复串口信息的更新，即连接信号和槽函数。所以需要在"打开串口 1"按钮和"打开串口 2"按钮的槽函数中增加如下代码：

```
if (m_nSerialWindOpenedFlag + m_nSerialWeatherOpenedFlag > 0)
{
    disconnect(m_timerAutoUpdateSerial, SIGNAL(timeout()), this, SLOT(slot_updateSerialInfo
()));
}
else
{
    connect(m_timerAutoUpdateSerial, SIGNAL(timeout()), this, SLOT(slot_updateSerialInfo
()));
}
```

## 6.2.3　手动输入数据功能的实现

到目前为止，用户还不能单独设置气象站程序中某个数据的值。下面为程序增加手动输入数据的功能。该功能的工作流程是：

（1）在主窗口单击"输入模拟数据"按钮后，程序弹出子窗口。主窗口会将最新的数据发送给子窗口，子窗口会显示收到的数据（第一次数据传递）。

（2）用户在子窗口中输入所需的数据。单击"确定"按钮后，数据从子窗口发送给主窗口并显示在主窗口界面上（第二次数据传递）。

因为在前面已经学习了子窗口的使用，所以这里主要关注两次数据传递的实现。

**1. 新建子窗口**

为气象站工程添加子窗口类 InputWindow 并完成子窗口的界面，如图 6.19 所示。

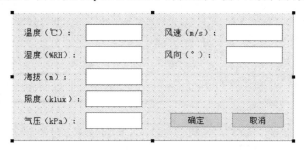

图 6.19　"输入模拟数据"子窗口的界面

**2. 调用子窗口**

由于子窗口是在单击"输入模拟数据"按钮后出现的，因此需要在该按钮的槽函数中添加以下代码：

```
1    void MainWindow:: on_pushButtonGetInputData_clicked()
2    {
3        InputWindow * w = new InputWindow();
4        w-> setAttribute(Qt::WA_DeleteOnClose, true);
5        w-> show();
6    }
```

代码的第 3 行新建了一个指向子窗口对象的指针并分配了内存。在这种情况下，需要在子窗口关闭的时候释放分配的内存，否则会造成内存泄漏。有两种方法可以释放子窗口占用的内存。第一种方法是在子窗口关闭时发送一个信号，在主窗口中添加一个槽函数来响应这个信号并释放子窗口所占的内存。第二种方法是为子窗口添加 Qt::WA_DeleteOnClose 属性，从而让窗口在关闭时自动调用 deleteLater() 函数释放占用资源。本例采取第二种方法，即在代码的第 4 行为窗口添加了 Qt::WA_DeleteOnClose 属性。

**3. 主窗口向子窗口传递数据**

要在子窗口打开的时候显示来自主窗口的信息，可以在子窗口类中新增一个公有函数，负责更新子窗口内容：

```
public:
    void showDataFromMainWindow(ClassGY39 &info39, ClassPR3000 &info3000);
```

该函数的代码如下：

```
void InputWindow::showDataFromMainWindow(ClassGY39 &info39, ClassPR3000 &info3000)
{
    ui-> lineEditIllumination-> setText(QString::number(info39.getIllumination() / 1000));
    ui-> lineEditTemperature-> setText(QString::number(info39.getTemperature()));
    ui-> lineEditPressure-> setText(QString::number(info39.getPressure()));
    ui-> lineEditHumidity-> setText(QString::number(info39.getHumidity()));
    ui-> lineEditAltitude-> setText(QString::number(info39.getAltitude()));
    ui-> lineEditWindSpeed-> setText(QString::number(info3000.getWindSpeed()));
    ui-> lineEditWindDirection-> setText(QString::number(info3000.getWindDirection()));
}
```

当主函数通过 show() 函数打开子窗口后，便可以通过该函数更新子窗口的内容了，即

```
w-> showDataFromMainWindow( * m_GY39Device, * m_PR3000Device);
```

**4. 子窗口向主窗口传递数据**

在实现子窗口向主窗口传递数据时，可以使用信号和槽。用户在子窗口单击"确定"按钮后，子窗口发射一个信号。信号的参数是需要传递的数据。主窗口对应的槽函数接收该信号并进行处理。使用这一思路实现数据传递的步骤如下：

（1）在子窗口类中增加一个信号。

```
signals:
    void signal_sendDataToMainWindow(int nFlag, ClassGY39 &info39, ClassPR3000 &info3000);
```

info39 和 info3000 是用户输入的数据，nFlag 则代表数据是否有效。当用户输入了有效的数据并单击了"确认"按钮后，nFlag 取 1。当用户单击了"取消"按钮后，或者用户单击了窗口右上角的关闭图标，nFlag 取 0。

在子窗口"确定"按钮的槽函数中添加如下代码，将用户输入的数据整理后保存到类对象中，并通过信号发射出去：

```
void InputWindow::on_pushButtonOK_clicked()
{
    m_GY39InputData.setIllumination(ui->lineEditIllumination->text().toInt() * 1000);
    m_GY39InputData.setTemperature(ui->lineEditTemperature->text().toFloat());
    m_GY39InputData.setPressure(ui->lineEditPressure->text().toFloat());
    m_GY39InputData.setHumidity(ui->lineEditHumidity->text().toInt());
    m_GY39InputData.setAltitude(ui->lineEditAltitude->text().toInt());

    m_PR3000InputData.setWindSpeed(ui->lineEditWindSpeed->text().toFloat());
    m_PR3000InputData.setWindDirection(ui->lineEditWindDirection->text().toFloat());

    emit signal_sendDataToMainWindow(1, m_GY39InputData, m_PR3000InputData);
    this->close();
}
```

在子窗口"取消"按钮的槽函数中添加如下代码，忽略目前窗口中的数据并发射信号。信号的标志位为 0，代表数据可以忽略：

```
void InputWindow::on_pushButtonCancel_clicked()
{
    emit signal_sendDataToMainWindow(0, m_GY39InputData, m_PR3000InputData);
    this->close();
}
```

至此，用户单击"确定"按钮或"取消"按钮后，程序都能发射对应的信号。但是当单击窗口右上角的关闭图标后，程序还不能发射信号。为了解决这一问题，可以利用窗口关闭时自动产生的 closeEvent 事件。

closeEvent()函数是 Qt 内置的用于响应窗口关闭事件的函数。通过该函数可以实现用户单击关闭图标后发送对应的信号。要使用 closeEvent()函数，首先要在子窗口类中增加成员函数：

```
public:
    void closeEvent(QCloseEvent * event);
```

在本例中，直接关闭子窗口和单击"取消"按钮，在数据处理上是一样的，即丢掉数据、发送标志位。因而 closeEvent() 函数的代码如下：

```
void InputWindow::closeEvent(QCloseEvent * event)
{
    emit signal_sendDataToMainWindow(0, m_GY39InputData, m_PR3000InputData);
}
```

（2）在主窗口类中添加槽函数 slot_getInputData()，用于响应子窗口发射的信号：

```
private slots:
    void slot_getInputData(int nFlag, ClassGY39 &info39, ClassPR3000 &info3000);
```

槽函数 slot_getInputData() 接收到信号后，先判断标志位 nFlag。如果数据有效，那么就将信号中的数据赋值给主窗口类中的对象，然后发射信号 signal_newDataArrived()。槽函数的代码如下：

```
void MainWindow::slot_getInputData(int nFlag, ClassGY39 &info39, ClassPR3000 &info3000)
{
    if (nFlag == 1)
    {
        m_GY39Device -> setIllumination(info39.getIllumination());
        m_GY39Device -> setTemperature(info39.getTemperature());
        m_GY39Device -> setPressure(info39.getPressure());
        m_GY39Device -> setHumidity(info39.getHumidity());
        m_GY39Device -> setAltitude(info39.getAltitude());
        m_PR3000Device -> setWindSpeed(info3000.getWindSpeed());
        m_PR3000Device -> setWindDirection(info3000.getWindDirection());

        emit signal_newDataArrived();
    }
}
```

（3）连接槽函数和信号。此处选择在创建子窗口后进行连接操作：

```
void MainWindow::on_pushButtonGetInputData_clicked()
{
    InputWindow * w = new InputWindow();                          //创建子窗口
    w -> setAttribute(Qt::WA_DeleteOnClose, true);
    connect(w, SIGNAL(signal_sendDataToMainWindow(int, ClassGY39 &, ClassPR3000 &)), this,
SLOT(slot_getInputData(int, ClassGY39 &, ClassPR3000 &)));        //连接槽函数
    w -> show();                                                  //显示子窗口
    w -> showDataFromMainWindow( * m_GY39Device, * m_PR3000Device); //更新子窗口的数据
}
```

这样就通过信号和槽完成了子窗口到主窗口的数据传递。

## 6.2.4　使用配置文件保存程序参数

气象站程序提供了报警功能。报警时的限值可以根据需要进行调整。下面为程序增加
INI 文件读写功能,在程序退出时将报警限值保存到 INI 文件中,在程序启动时读取 INI 文
件的内容。要实现这个功能,首先为主窗口类增加一个成员变量和两个函数:

```
private:
    QByteArray m_qstrConfigFilePath;          //配置文件路径
public:
    void readINIFile();                       //读取 INI 文件
    void writeINIFile();                      //写入 INI 文件
```

在主窗口类的构造函数中初始化配置文件路径:

```
m_qstrConfigFilePath.append(QString(QDir::currentPath() + "/config.ini"));
```

在 readINIFile()函数中,如果 INI 文件中不存在所需的值,则使用默认值;如果存在,
则直接读取并显示。因此在读取过程中需要对每个键值进行判断和操作。以下为
readINIFile()函数的部分代码:

```
void MainWindow::readINIFile()
{
    QSettings settings(m_qstrConfigFilePath, QSettings::Format::IniFormat);

    settings.beginGroup("Alarm");                         //进入报警限值分组
    if (settings.contains("Temperature "))                //是否存在风速值?
    {
        int nTemp = settings.value("Temperature").toInt();    //读取键值
        ui->xsliderTemperatureLimit->setValue(nTemp);         //显示键值
    }
    else
    {
        ui->xsliderTemperatureLimit->setValue(30);            //使用默认值
    }
    //此处略去部分代码
    settings.endGroup();                                  //退出报警限值分组
}
```

保存配置文件则比较简单,只要将内容写入文件即可,无须考虑键是否存在。以下为
writeINIFile()函数的部分代码:

```
void MainWindow::writeINIFile()
{
    QSettings settings(m_qstrConfigFilePath, QSettings::Format::IniFormat);

    settings.beginGroup("Alarm");                         //进入报警限值分组
    settings.setValue("WindSpeed", ui->xsliderWindSpeedLimit->value());
```

```
settings.setValue("Temperature", ui->xsliderTemperatureLimit->value());
settings.setValue("Illumination", ui->xsliderIlluminationLimit->value());
settings.endGroup();                        //退出报警限值分组
//此处略去部分代码
}
```

# 6.3　程序运行结果

本章不但介绍了信号和槽的知识，还介绍了与之相关的定时器、子窗口、配置文件的知识。信号和槽主要涉及程序的运行流程控制，子窗口主要涉及数据传递和显示。下面是V1.0版气象站程序的运行结果。

（1）不插入 USB 转接板并启动程序，程序会自动读取计算机中的串口信息，如图 6.20（a）所示。然后插入 USB 转接板，程序会检测到新的串口信息并显示出来，如图 6.20（b）所示。

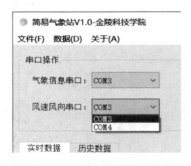
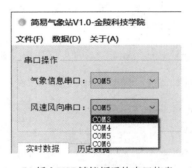

(a) 插入USB转接板前的串口信息　　　　(b) 插入USB转接板后的串口信息

图 6.20　插入 USB 转接板前后，程序读取的串口信息

（2）在界面中切换到自动采集模式后，程序会按照一定的时间间隔（2s）采集数据并显示，如图 6.21（a）所示。每采集一次数据，都会在日志列表输出相关的结果。在程序的历史数据界面中，也会显示测量结果的历史曲线，如图 6.21（b）所示。

（3）在界面中切换到手动采集模式，单击界面的"输入模拟数据"按钮，打开"输入模拟数据"窗口。该窗口中会显示最近一次的测量数据，如图 6.22 所示。这部分数据就是通过信号和槽传递过来的。

在"输入模拟数据"窗口中将风向改为 45°、湿度改为 18%。单击"确定"按钮后，程序主界面会做出相应的更新，如图 6.23 所示。

（4）程序在退出过程中会将报警限值保存在配置文件中，在启动时会从配置文件读取报警限值。首先删除配置文件并启动程序，此时程序界面的报警限值为默认值，如图 6.24（a）所示。同时程序会新建配置文件，如图 6.24（b）所示。

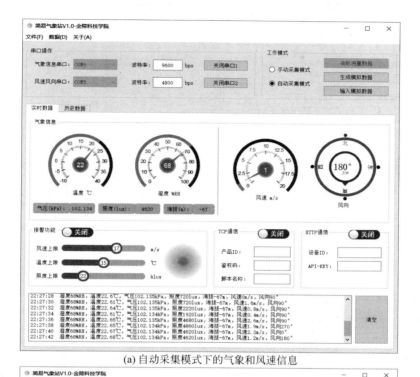

(a) 自动采集模式下的气象和风速信息

(b) 自动采集模式下的历史数据

**图 6.21　自动采集模式的运行结果**

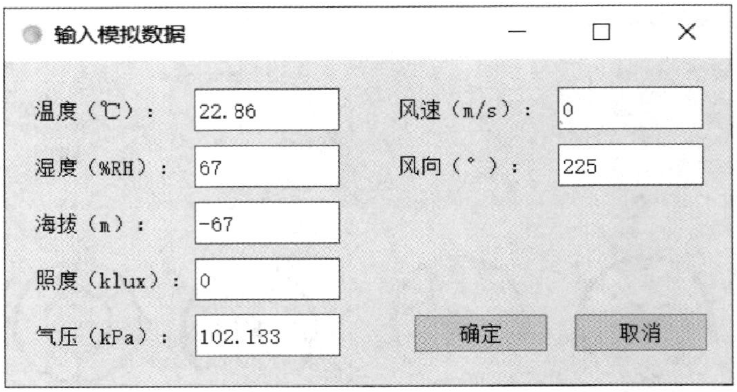

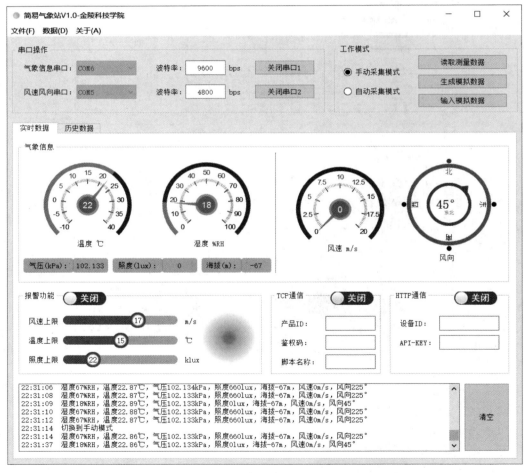

图 6.22  "输入模拟数据"窗口

图 6.23  手动输入数据后的界面

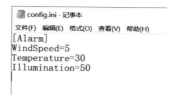

(a) 报警上限　　　　　　　　　　　　　(b) 配置文件内容

**图 6.24　程序默认的报警上限和自动生成的配置文件**

在程序中修改报警限值，如图 6.25(a)所示。当程序退出时，程序会将新的限值保存到配置文件中，如图 6.25(b)所示。

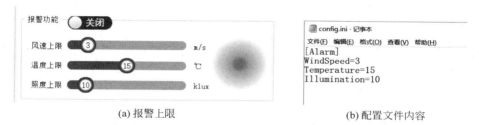

(a) 报警上限　　　　　　　　　　　　　(b) 配置文件内容

**图 6.25　在程序中修改限值，程序自动将限值保存到配置文件**

将配置文件中的风速、温度、照度的上限都修改为 10 并保存，如图 6.26(a)所示。再次启动程序，程序会读取配置文件并更新界面，如图 6.26(b)所示。

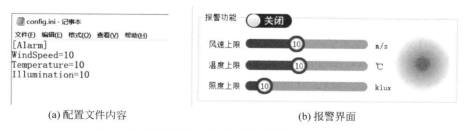

(a) 配置文件内容　　　　　　　　　　　(b) 报警界面

**图 6.26　修改配置文件，程序成功读取配置文件的内容**

# 6.4　本章小结

　　本章围绕 Qt 中的信号和槽展开。首先详细讲解了如何使用控件自带的槽函数、如何自定义槽函数；然后扩展到定时器、事件、子窗口、配置文件的使用。借助本章所学的知识，气象站程序的功能变得更加丰富和实用了。在学习完本章的内容后，可以继续完善简易气象站程序的功能，如在界面上提供控件来修改自动采集功能的时间间隔并用配置文件保存。此外，还可以继续学习 Qt 中信号和槽的知识，如利用信号和槽编辑器实现图形化的设置、学习 Qt 5 风格的 connect()函数等。

# 第7章
## CHAPTER 7

# 使用TCP与中国移动物联网平台通信

一个气象站只能监测一个位置的气象信息。要实现精确的天气预报,需要对不同地点的气象信息进行全方位监测,从而形成监测网。要建立这样的监测网,网络通信是必不可少的。本章以 OneNET 中国移动物联网开放平台作为云端,详细介绍在 Qt 中通过 TCP 进行网络通信的方法,具体包括网络通信基础知识、Qt 进行 TCP 网络通信的方法、OneNET 物联网平台的使用等。

OneNET 物联网平台由中国移动推出,具有高效、稳定、安全的特点,在物联网行业有着广泛的应用。OneNET 物联网平台功能强大,业务逻辑清晰,非常适合初学者学习。学习 OneNET 物联网平台也可以为学习其他云服务平台打下基础。

在本章的实践案例部分,为 V1.0 版的气象站增加了 TCP 网络通信功能,并对 OneNET 服务器进行了配置,具体包括:

(1) 为气象站程序增加 TCP 通信功能,将数据发送到 OneNET 平台。

(2) 在中国移动 OneNET 物联网平台上创建项目。

(3) 完成 OneNET 平台的 TCP 数据解析脚本,对气象站程序发送的数据进行解析和展示。

# 7.1 基础知识

网络通信需要客户端和服务器双方协同工作。本节首先介绍网络通信的基础知识,为后面的编程打下基础;然后分别介绍客户端(即使用 Qt 编写的程序)和服务器端(即 OneNET 物联网平台)的知识。在客户端方面,介绍了 Qt 进行 TCP 通信的方法、使用网络调试助手调试 Qt 程序的方法。在服务器端方面,介绍了 OneNET 平台的架构、使用方法、解析脚本的编写和测试等。

## 7.1.1 网络通信基础

### 1. OSI 模型

OSI 模型(Open System Interconnection Model)是国际标准化组织提出的概念模型,

视频讲解

试图在世界范围内提供一个使各种计算机和网络互联互通的标准框架。OSI模型自下至上将网络划分为7层，如图7.1所示。每个层都有自己的功能。层与层之间既相互独立又相互依靠——上层依赖下层，下层为上层提供服务。由于每层的功能单一，非常易于实现标准化。各层也可以根据需要独立进行修改或扩充功能。OSI模型是一个理想的模型。一般的网络系统只涉及其中的几层，很少有系统能够完全遵循所有的层次规定。

⑦应用层(Application Layer)

⑥表示层(Presentation Layer)

⑤会话层(Session Layer)

④传输层(Transport Layer)

③网络层(Network Layer)

②数据链路层(Data Link Layer)

①物理层(Physical Layer)

**图7.1　OSI 7层参考模型**

在OSI模型中，下3层（物理层、数据链路层、网络层）主要提供数据传输和交换功能，以节点到节点之间的通信为主；上3层（会话层、表示层和应用层）则主要提供用户与应用程序之间的信息、数据处理功能；第4层作为上下两部分的桥梁，是整个网络体系结构中最关键的部分。通常将下3层称为通信子网，负责数据的无差错传输；将上3层称为资源子网，负责数据的处理。

下面简单介绍每个层的概念和功能。

（1）物理层。物理层定义了传输介质的物理特性（如同轴线、双绞线、光纤等）、数据传输速率、信号传输模式（如单工、半双工、全双工）、网络拓扑类型（如网状、星状、总线型）等内容。物理层的作用是尽可能屏蔽传输介质和物理设备的差异，实现计算机节点之间数据的透明传输。

（2）数据链路层。由于各种干扰的存在，物理线路是不可靠的。数据链路层通过物理编址、网络拓扑结构、错误校验、数据帧序列以及流量控制等方法，使有差错的物理线路变为无差错的数据链路，从而提供可靠的数据传输方法。

（3）网络层。网络层是OSI参考模型中最复杂的一层，也是通信子网的最高一层。网络层通过路由选择算法，为报文或分组数据选择最适当的传输路径。网络层的功能包括寻址、交换、路由算法、连接服务等。

（4）传输层。传输层用于向高层提供端到端的网络数据流服务，实现报文在端到端之间的传输。传输层可以提供可靠的或不可靠的传输机制。该层常见的协议有TCP、UDP等。

（5）会话层。所谓会话，指不同进程之间的表示层连接。进程可以按照半双工、单工和全双工的方式建立会话。会话层用于组织和协调两个会话进程之间的通信（如建立、管理和终止），并对数据交换进行管理。

（6）表示层。表示层对来自应用层的命令和数据进行解释，对各种语法赋予相应的含义，并按照一定的格式传送给会话层。其主要功能是处理用户信息的编码、数据格式转换和加密解密等，从而确保一个系统发送的信息可以被另一个系统识别。

（7）应用层。应用层是计算机用户以及各种应用程序和网络之间的接口，直接向用户提供服务，负责协调各个应用程序间的工作。应用层提供的服务和协议有文件传输（FTP）、远程登录(Telnet)、电子邮件(SMTP、POP3)、HTTP、DNS 等。

**2. TCP/IP**

TCP/IP(Transmission Control Protocol/Internet Protocol,传输控制协议/网际协议),广义上指利用 IP 地址进行通信时所用到的协议群,狭义上指 TCP 和 IP。通过 TCP/IP 可以建立网络连接,使计算机能够访问互联网。

TCP/IP 由 4 个层构成,如图 7.2 所示。与 OSI 模型相比,TCP/IP 不包含物理层和数据链路层,因此不能独立完成整个计算机网络系统的功能,必须与其他协议协同工作。

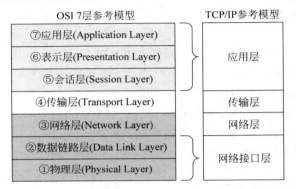

图 7.2　TCP/IP 4 层参考模型和 OSI 7 层参考模型的关系

TCP/IP 4 个层的功能如下:

(1) 网络接口层,用于控制 IP 数据在网络介质上传输。TCP/IP 标准没有与 OSI 模型的数据链路层和物理层相对应的功能,但是定义了地址解析协议(Address Resolution Protocol,ARP)。ARP 可以提供 TCP/IP 的数据结构和实际物理硬件之间的接口。

(2) 网络层,对应于 OSI 模型的网络层。这一层包含 IP、路由信息协议 RIP,负责数据的包装、寻址和路由。同时还包含网间控制报文协议 ICMP,用来提供网络诊断信息。

(3) 传输层,对应于 OSI 模型的传输层。传输层提供两种端到端的通信服务。其中 TCP 提供可靠的数据传输服务,UDP 提供不可靠的数据传输服务。

(4) 应用层,对应于 OSI 模型的应用层、表示层和会话层。应用层提供了多种常用的应用层协议,如 FTP、HTTP、SMTP 等。

**3. HTTP**

HTTP(Hyper Text Transfer Protocol,超文本传输协议)是互联网的基础,是建立在 TCP 之上的一种应用,定义了 Web 客户端如何从 Web 服务器请求 Web 页面,以及 Web 服务器如何把 Web 页面传送给 Web 客户端。HTTP 采用了"请求-响应"模型。客户端首先向服务器发送请求报文,服务器向客户端发送响应报文。关于 HTTP 的知识将在第 8 章详细讲解。

**4. Socket**

多个 TCP 连接或多个应用程序进程有时会通过同一个 TCP 端口传输数据。为了区别不同的应用程序,操作系统在应用程序和 TCP/IP 之间提供了 Socket(套接字),用于完成应用程序和 TCP/IP 之间的交互。应用层可以通过 Socket 区分来自不同应用程序进程或网络连接的通信,实现数据传输的并发服务。

Socket 是网络通信的基石,是 TCP/IP 网络通信的基本操作单元。Socket 是网络通信过程的抽象表示,包含进行网络通信必需的信息,如连接使用的协议、本地主机的 IP 地址、本地进程的协议端口、远程主机的 IP 地址、远程进程的协议端口等。Socket 可以支持不同的传输层协议,如 TCP 或 UDP。使用 TCP 进行连接时,该 Socket 连接就是一个 TCP连接。

建立 Socket 连接分为 3 个步骤,即服务器监听、客户端请求、连接确认。

(1)服务器监听。即服务器端 Socket 处于等待连接的状态,等待客户端的连接请求。

(2)客户端请求。客户端的 Socket 提出连接请求。请求内容包括描述希望连接的服务器 Socket、服务器 Socket 的地址和端口号。

(3)连接确认。当服务器端 Socket 监听到客户端 Socket 的连接请求时,会响应客户端的请求,并把服务器端的描述发给客户端。一旦客户端确认了此描述,双方就正式建立连接。建立连接后,服务器端 Socket 继续处于监听状态,接收其他客户端的连接请求。

通常情况下 Socket 连接就是 TCP 连接。Socket 连接一旦建立,通信双方就可以相互发送数据,直到连接断开。但在实际的网络应用中,客户端到服务器之间的通信往往需要经过多个中间节点(如路由器、网关、防火墙等)。由于部分防火墙会关闭长时间处于非活跃状态的连接,所以 Socket 连接常会意外断开。为解决这一问题,需要通过轮询的方式告诉网络该连接处于活跃状态。这种轮询的方式就是常说的发送心跳包。

**5. TCP、HTTP 和 Socket 的关系**

TCP、HTTP 和 Socket 是网络编程中经常遇到的概念,在 TCP/IP 中的位置关系如图 7.3 所示。具体地说,HTTP 是应用层的协议,更靠近用户端。TCP是传输层的协议。Socket 是从传输层抽象出来的一个抽象层,本质上是接口。

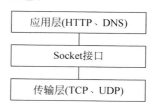

图 7.3　TCP、HTTP 和 Socket 在 TCP/IP 中的位置关系

1) TCP 和 HTTP 的关系

HTTP 基于 TCP。客户端向服务器端发送 HTTP 请求时第一步就是要建立与服务器端的 TCP 连接。

2) TCP 与 Socket 的关系

Socket 是在传输层上设置的抽象接口层,因此 Socket 连接既可以基于 TCP,也可以基于 UDP。基于 TCP 的 Socket 连接需要通过 3 次握手才能建立,是可靠的。基于 UDP 协议的 Socket 连接不需要建立连接的过程,是不可靠的。

3) HTTP 与 Socket 的关系

HTTP 是短连接,而基于 TCP 的 Socket 是长连接。HTTP 采用"请求-响应"的机制,在客户端发送消息给服务器端后,服务器端才能发送数据给客户端。发送数据后 HTTP 连接会断开。但是 Socket 连接的一方可以随时向另一方发送数据。Socket 连接一旦建立,除非一方主动断开,否则一直保持连接状态。

　　当通信的双方不需要时刻保持连接时(如客户端向服务器端获取资源、文件上传等),可以使用 HTTP 连接。对于大部分即时通信应用(如 QQ、微信)、共享单车、智能硬件等,可以使用 TCP 连接。

## 7.1.2　Qt 进行 TCP 通信

视频讲解

　　Qt 在进行网络通信时,需要使用网络通信模块。使用该模块需要在 .pro 文件中添加如下内容:

```
QT += network
```

　　Qt 的网络通信模块提供了非常实用的 Socket 通信类 QTcpSocket。要使用这个类,需要引用头文件:

```
# include <QTcpSocket>
```

　　图 7.4 是 TCP 通信过程中客户端和服务器端的通信流程。气象站程序属于 TCP 客户端,其通信流程包括建立连接、请求数据、应答数据和结束连接这几步。

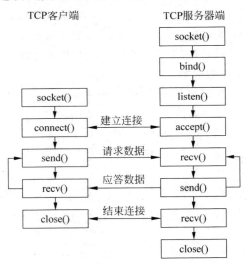

**图 7.4　TCP 通信过程中客户端和服务器端的通信流程**

　　(1) 创建 QTcpSocket 对象。QTcpSocket 类可以完整地实现 TCP 通信。一个 QTcpSocket 对象只能连接一个服务器。使用 Qt 进行 TCP 通信时,首先要创建 QTcpSocket 对象:

```
QTcpSocket * TCPSocket = new QTcpSocket(this);
```

　　(2) 使用 connectToHost()函数连接服务器。进行网络通信时,需要知道通信对方的

IP 地址和端口号,就像走亲访友时要知道亲朋好友的地址和门牌号一样。此处作为例子,使用本地回环地址 127.0.0.1,端口号设为 1100。本地回环地址代表计算机本身,一般在测试时使用。具体的连接方法如下:

```
TCPSocket -> connectToHost("127.0.0.1", 1100);
```

（3）使用 write()函数向服务器发送数据。QTcpSocket 类、QSerialPort 类都是 QIODevice 类的子类,都有 write()、readAll()等函数。因此向服务器发送数据与写串口的操作完全一致,即

```
QByteArray sendBuffer = "Data to be sent.";
TCPSocket -> write(sendBuffer);
```

（4）当接收缓冲区接收到来自服务器的新数据时,会发出 readyRead()信号。此时可以使用 readAll()函数读取所有数据,例如:

```
QByteArray recvBuffer = TCPSocket -> readAll();
```

（5）通信结束后,需要断开与服务器的连接,即

```
TCPSocket -> close();
```

除了上面介绍的几个函数外,QTcpSocket 类还提供了以下几个信号,可以在编程时根据需要使用:

- hostFound()——调用 connectToHost()函数后,在网络中找到对应主机时发射。
- connected()——调用 connectToHost()函数后,成功连接到主机时发射。
- disconnected()——在 Socket 连接断开后发射。
- stateChanged(QAbstractSocket::SocketState)——当 Socket 连接状态发生改变时发射。参数 SocketState 是 QAbstractSocket 类的枚举类型,代表新的连接状态,例如,UnconnectedState、ConnectedState、ListeningState 等。
- error(QAbstractSocket::SocketError)——当出现错误时发射。参数 SocketError 是 QAbstractSocket 类的枚举类型,代表错误的类型,例如,HostNotFoundError、ConnectionRefusedError、NetworkError 等。

## 7.1.3　简易 TCP 客户端的编写

下面通过一个简易 TCP 客户端的例子来学习 Qt 中 TCP 通信的使用方法(见示例代码 \ch7\ch7-1TCPClient\)。如图 7.5 所示,该简易客户端可以通过 Socket 连接到指定的服务器,可以向服务器发送信息,也可以接收服务器发来的信息。

要实现这样一个客户端,首先要为主窗口类增加一个 QTcpSocket 类型的成员变量 m_TCPSocket,然后再增加 3 个槽函数:用于响应 connected()信号的槽函数 slot_

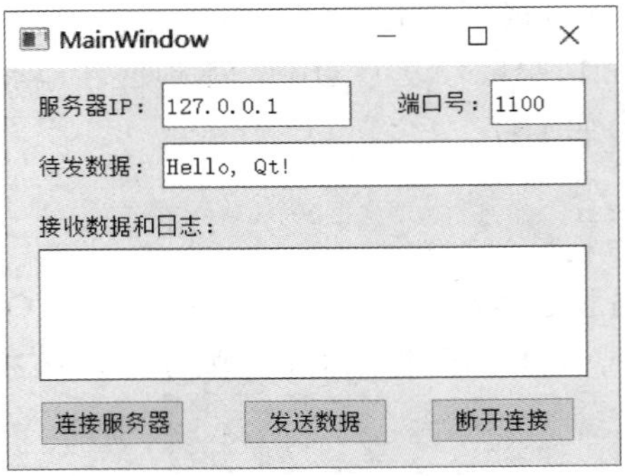

图 7.5　简易 TCP 客户端界面

serverConnected()、用于响应 disconnected()信号的槽函数 slot_serverDisconnected()、用于响应 readyRead()信号的槽函数 slot_serverDataReceived()。这部分代码如下：

```
private:
    Ui::MainWindow * ui;
    QTcpSocket * m_TCPSocket;

private slots:
    void slot_serverConnected();
    void slot_serverDisconnected();
    void slot_serverDataReceived();
```

上述槽函数的代码如下：

```
void MainWindow::slot_serverConnected()
{
    ui->textEditLog->append("Connected to Server.");
}

void MainWindow::slot_serverDisconnected()
{
    ui->textEditLog->append("Disconnected from Server.");
    m_TCPSocket->close();
}

void MainWindow::slot_serverDataReceived()
{
    QByteArray recvBuffer = m_TCPSocket->readAll();
    ui->textEditLog->append(recvBuffer);
}
```

在主函数的构造函数中完成信号和槽函数的连接：

```
MainWindow::MainWindow(QWidget * parent)
    : QMainWindow(parent), ui(new Ui::MainWindow)
```

```
{
    ui->setupUi(this);
    m_clientSocket = new QTcpSocket();

    connect(m_TCPSocket, SIGNAL(connected()), this, SLOT(slot_serverConnected()));
    connect(m_TCPSocket, SIGNAL(disconnected()), this, SLOT(slot_serverDisconnected()));
    connect(m_TCPSocket, SIGNAL(readyRead()), this, SLOT(slot_serverDataReceived()));
}
```

界面中"连接服务器"按钮、"发送数据"按钮、"断开连接"按钮的槽函数代码如下：

```
void MainWindow::on_pushButtonConnect_clicked()
{
    m_TCPSocket->connectToHost(ui->lineEditIP->text(), ui->lineEditPort->text().toInt());
}

void MainWindow::on_pushButtonSend_clicked()
{
    m_TCPSocket->write(ui->lineEditTextToSend->text().toLatin1());
    ui->textEditLog->append("Send:" + ui->lineEditTextToSend->text());
}

void MainWindow::on_pushButtonDisConnect_clicked()
{
    m_TCPSocket->close();
}
```

## 7.1.4　使用网络调试助手测试 TCP 客户端

网络调试助手是用来辅助网络编程的工具软件，类似于串口调试助手。虽然网络通信离不开客户端和服务器两方，但是在编程时往往会侧重于其中一方。在编写客户端程序时，可以使用网络调试助手模拟服务器，辅助调试客户端程序。在编写服务器端程序时，可以使用网络调试助手模拟客户端，辅助调试服务器端程序。通过这种方法，可以降低客户端和服务器端之间的耦合，提高开发效率。

本书使用的网络调试助手是 SSCOM，其主界面如图 7.6 所示。SSCOM 是一款由中国人开发的、功能强大的网络调试助手软件。因为要使用 SSCOM 作为 TCP 服务器来调试客户端，所以要在 SSCOM 主界面左下角的"端口号"下拉列表框中选择 TCPServer，在"本地"下拉列表框中选择（或输入）127.0.0.1 和 1100，最后单击"侦听"按钮。

运行 TCP 客户端，单击"连接服务器"按钮。TCP 客户端会输出日志信息，SSCOM 下方状态栏显示"已连接"，如图 7.7 所示。

在 TCP 客户端中单击"发送数据"按钮，SSCOM 就能收到所发送的数据，如图 7.8 所示。

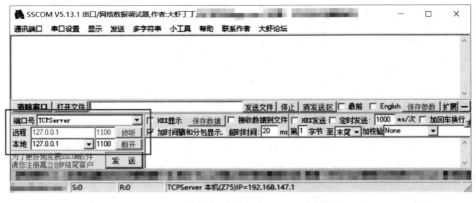

图 7.6　网络调试助手 SSCOM 主界面

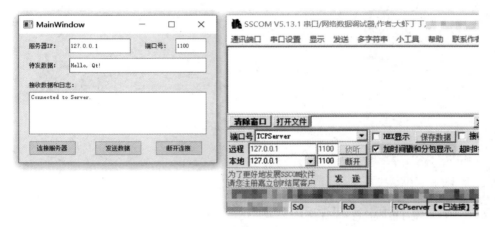

图 7.7　单击"连接服务器"按钮后程序的运行状态

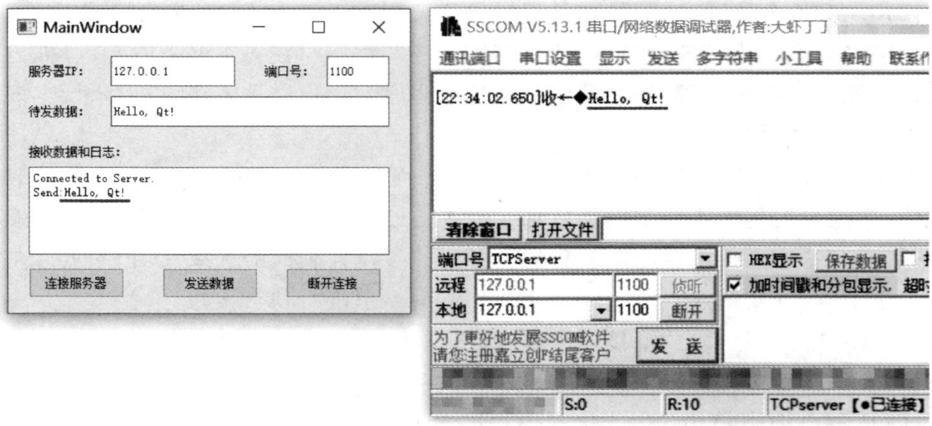

图 7.8　单击"发送数据"按钮后程序的运行状态

在 SSCOM 中输入一段文字并单击"发送"按钮,客户端会收到这段文字并显示,如图 7.9 所示。

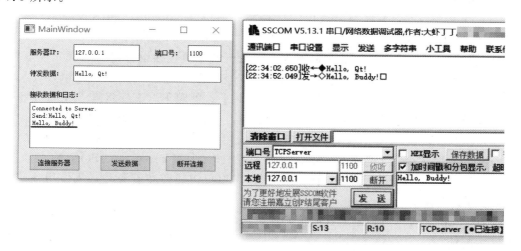

图 7.9 通过 SSCOM 发送一段文字到客户端程序

在 SSCOM 中单击"断开"按钮,程序会响应 disconnected()信号,输出提示信息,如图 7.10 所示。

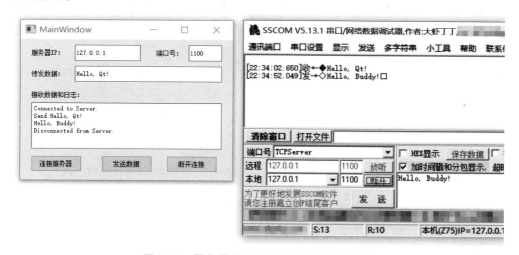

图 7.10 服务器断开连接后程序的运行结果

## 7.1.5 中国移动 OneNET 物联网平台的使用

### 1. OneNET 物联网平台简介

OneNET 是中国移动打造的高效、稳定、安全的物联网开放平台,具有设备接入、设备管理、位置定位(LBS)、远程升级(OTA)、消息队列(MQ)、数据可视化(View)、人工智能(AI)、视频能力、边缘计算等功能。它不但能够支撑各类行业应用和智能硬件的开发,还能

视频讲解

降低物联网应用开发和部署的成本。

**2．OneNET 平台的资源模型**

OneNET 平台的资源模型与其他云计算服务的资源模型类似，包含产品、设备、数据流、APIkey 等内容。

（1）产品。产品是用户的最大资源集。产品下的资源包括设备、设备数据、设备权限、数据触发服务等多种资源。一个用户可以创建多个产品。

（2）设备。设备是真实硬件终端在 OneNET 平台的映射。真实终端与平台设备一一对应。终端上传的数据被存储在设备的数据流中。一台设备可以有多个数据流。

（3）数据流。数据流用于存储设备的某一类数据，例如，温度、湿度、地理位置等。OneNET 平台要求设备上传数据时必须遵循一定的格式，如 key-value、JSON 等。

（4）APIkey。用户进行 API 调用时的密钥。用户访问产品资源时必须使用该产品目录下对应的 APIkey。

（5）触发器。可以对数据进行简单的逻辑判断，在满足一定条件时还会触发 HTTP 请求或发送邮件。

（6）应用。用户可以通过拖曳控件的方式设计数据展示页面。

**3．在 OneNET 平台中新建项目**

OneNET 平台提供的多协议接入服务支持 MQTT、HTTP、EDP、Modbus、TCP 透传、RGMP 等协议。本章使用的是 TCP 透传服务。要使用这个服务，首先需要在 TCP 透传页面下新建一个产品，并填写产品的相关信息，如图 7.11 所示。此处填写的内容不会影响产品的正常使用。

图 7.11　OneNET 平台建立产品的过程

图 7.12 是新建的产品主页。产品名称为"简易气象站"。页面中的产品 ID、用户 ID、Master-APIkey、access_key 等信息在进行通信时需要用到。尤其是 Master-APIkey 和 access_key 的权限很高，保管和使用时务必小心。

**4．在项目中添加设备**

按照 OneNET 的资源模型，每一个物理设备都需要在平台上注册，然后才能上传数据。在实

**图 7.12　新建立的"简易气象站"产品主页**

际应用中,往往是设备在激活时调用平台的 API(Application Programming Interface,应用程序编程接口),从而自动完成自动注册。此处作为例子,设备的数量较少,采用手工注册的方式。

首先在项目页面的左边单击"设备列表",然后单击"添加设备"按钮 添加设备 并输入设备信息,如图 7.13 所示。其中鉴权信息是设备登录服务器的参数之一,在整个产品内是唯一的。通常使用产品序列号作为鉴权信息。此处作为例子,将鉴权信息设置为一串连续数字(如 12345)。

**图 7.13　为产品添加设备的过程**

添加设备以后,在设备列表中就会显示出新添加的设备,如图 7.14 所示。因为新添加的设备从未登录过服务器,所以处于离线状态,"最后在线时间"为空。设备 ID 是平台为每个设备自动分配的编号。通信时可以通过设备 ID 确定设备的身份。

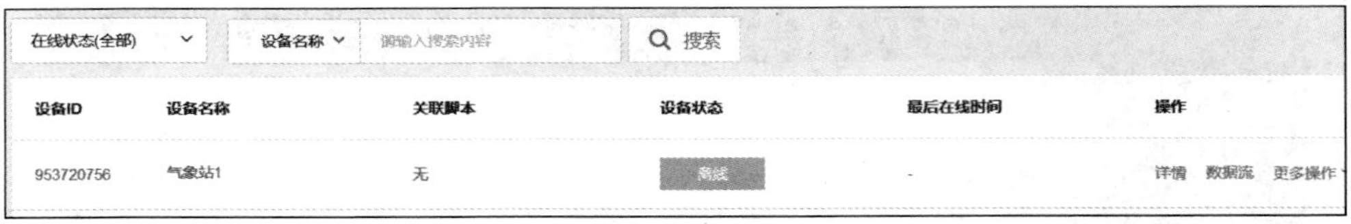

图 7.14 新添加设备的状态

## 7.1.6 TCP 解析脚本的编写和使用

使用 TCP 协议向 OneNET 服务器发送数据时，需要将数据转换为 ASCII 码。转换后的数据与第 2 章中 GY-39 模块发送的十六进制数据十分类似。对于这种没有明确格式的十六进制数据，服务器是无法直接识别的。为解决这一问题，OneNET 平台使用了 Lua 脚本来解析 TCP 协议发送的十六进制数据。

Lua 是一种轻量、小巧的脚本语言，已经有大约 30 年的历史。它由 C 语言编写，可以与 C/C++ 程序进行互操作。几乎所有的操作系统和平台上都可以运行 Lua 脚本。下面对 Lua 的语法进行简单的介绍，然后对 OneNET 平台提供的解析脚本例子进行修改。

**1. Lua 的基本语法**

1）数据类型

Lua 的基本数据类型有 8 种，如表 7.1 所示。

表 7.1 Lua 的基本数据类型

| 数 据 类 型 | 描　　述 |
|---|---|
| nil | 只有值 nil 属于该类，表示一个无效值（在条件表达式中相当于 false） |
| boolean | 包含两个值，false 和 true |
| number | 表示双精度类型的浮点数 |
| string | 字符串，由一对双引号或单引号来表示 |
| function | 由 C 或 Lua 编写的函数 |
| userdata | 表示任意存储在变量中的 C 数据结构 |
| thread | 表示执行的独立线程，用于执行协同程序 |
| table | 表，其实是一个"关联数组"，其索引可以是数字、字符串或表类型 |

2）变量

Lua 的变量有 3 种，即全局变量、局部变量、表中的域。变量的默认值均为 nil。Lua 的变量默认是全局变量，哪怕是语句块内的变量或函数中的变量都默认是全局变量。如果要声明局部变量，要使用 local 关键词，例如：

```
                    -- Lua 的单行注释以双短横线 -- 开始.多行注释以 --[[开始,以 -- ]]结束.
a = 5        -- 定义全局变量
local b = 5  -- 定义局部变量
a = 6        -- 变量赋值
print(a)     -- 输出变量值
```

3）流程控制

Lua 提供了与 C 语言类似的流程控制语句，如 if 语句和 if-else 语句。在 Lua 中，if 语句的条件表达式结果可以是任何值。Lua 认为 false 和 nil 为假，true 和非 nil 为真。因为 0 是非 nil 值，所以 0 也是真。例如，下面的代码定义了两个变量，然后对变量的值进行了判断：

```
a = 100;
b = 200;
if( a == 100 ) then
   if( b == 200 ) then
      print("a:100, b: 200" );
   end
else
   print("a 的值不等于 100")
end
```

要运行上述代码，可以使用在线 Lua 工具。这段代码的运行结果是：

```
a:100, b: 200
```

4）函数

Lua 编程语言函数定义格式如下：

```
optional_scope function_name(arg1, arg2, …, argN)
   function_body
   return result_params
end
```

optional_scope：声明该函数是全局函数还是局部函数。如果需要设置为局部函数，应使用关键字 local。如果不使用该参数，则默认为全局函数。

function_name：函数名称。

arg1, arg2,…, argN：函数的参数。多个参数以逗号隔开，也可以不带参数。

function_body：函数体。

result_params：函数返回值。Lua 函数可以同时返回多个值，值与值之间以逗号分隔。

例如，使用 Lua 编写一个比较两个数大小的函数：

```
function max(num1, num2)          -- 定义全局函数
   if (num1 > num2) then          -- if 开始
      result = num1;
   else
      result = num2;
   end                            -- if 结束
   return result;                 -- 返回结果
end                               -- 函数结束
```

**2. OneNET 示例脚本的分析和测试**

1）示例脚本分析

OneNET 的开发文档中提供了示例脚本 sample. lua 和脚本解析器 ScriptDebugger（见配套工具和资料）。示例脚本中的 device_timer_init(dev) 函数负责定时下发数据。如果不需要下发数据可以不使用该函数。device_data_analyze(dev) 函数负责对设备上传的数据进行解析。本例主要使用 device_data_analyze(dev) 函数，其代码如下：

```
1    function device_data_analyze(dev)
2      local t = {}
3      local a = 0
4      local s = dev:size()
5      add_val(t, "ds_test", a, dev:bytes(1, 2), 100)
6      dev:response()
7      dev:send("received")
8      return s, to_json(t)
9    end
```

代码第 2 行和第 3 行声明了局部变量 t 和 a。其中 t 是一个表，用于存储解析出来的数据。a 是数值 0，为函数 add_val() 提供时间戳。代码第 4 行调用了 dev:size() 函数获取 TCP 客户端发送数据的大小，单位为字节。

代码的第 5 行是本函数的核心。dev:bytes(pos，count) 函数可以在设备发送的数据中提取从第 pos 个字节开始连续 count 个字节的数据。add_val(t, i, a, v, c) 函数的作用是将数据添加到表中。其中，参数 i 是数据流或数据流模板名称，参数 v 是设备发送的数据，参数 c 是数据点归属，即设备的 AuthCode。如果参数 c 的值为空或 nil，表示数据点归属建立 TCP 连接的设备。参数 t 是表的名称，参数 a 是数据的时间戳。综上，代码第 5 行的作用是在 TCP 客户端发送的数据中，提取出从第 1 个字节开始连续 2 字节的数据，然后将数据添加到表 t 的数据流 ds_test 中（也可以理解为将数据添加到表 t 的 ds_test 列中）。

代码第 6 行和第 7 行用于向客户端发送响应。其中 dev:send() 函数的参数是服务器响应的内容。

第 8 行将表 t 的内容转换为 JSON 字符串作返回给服务器。JSON 是网络通信过程中十分常用的数据格式，将会在第 8 章进行详细讲解。

2）示例脚本的测试

下面使用 OneNET 提供的 ScriptDebugger 工具对示例脚本进行测试，从而验证上述分析的正确性。

首先在测试工具中打开示例脚本，如图 7.15 所示。由于示例脚本只解析 2 字节的数据，所以在窗口上方的输入框中输入"31 32"，也就是字符 1 和 2 的 ASCII 码。然后单击"解析"按钮，测试工具会返回脚本的运行结果：

```
analyze result: size = 2, json = "[{"v":"12","i":"ds_test","c":100}]".
send data to deive: data = "7265636569766564".
received device response!
```

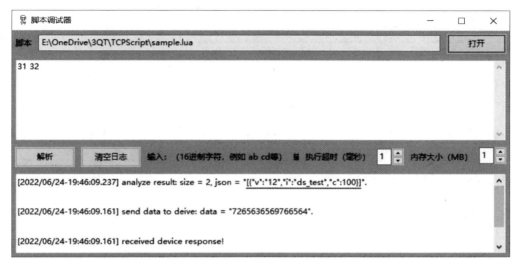

**图 7.15　使用十六进制数"31 32"对脚本进行测试**

在这组结果中，第 1 行下画线标出的是解析得到的 JSON 数据。其中，"v":"12"代表数据值为"12"，"i":"ds_test"代表数据流的名称为"ds_test"（该数据流名称已经事先在解析脚本中定义好了），"c":100 代表设备的验证码为 100（该验证码已经事先在解析脚本中定义好了）。第 2 行是服务器返回给设备的内容，即字符串"received"的 ASCII 码。最后一行是软件的提示信息。

如果将输入的数据改为十六进制的"31 32 32"（即 3 字节），脚本仍能继续运行，但是只解析前两个字节的数据，第 3 个字节的数据被丢弃。如果将输入数据改为十六进制的 31（只有 1 字节），脚本的运行结果为：

```
analyze result: size = 1, json = "[{"v":"","c":100,"i":"ds_test"}]".
send data to device: data = "7265636569766564".
received device response!
```

由于数据长度不符合要求，因此解析的数据值为空。但是服务器仍会返回字符串"received"。所以收到服务器发送的"received"并不代表数据解析成功。

**3. 自定义解析脚本及验证**

从上面的分析可以看到，在 device_data_analyze(dev) 函数中真正负责对数据进行解析的语句是：

```
add_val(t,"ds_test",a,dev:bytes(1,2),100)
```

有几个数据，解析脚本中就要有几行解析语句。在实现 TCP 通信时，首先要规定好 TCP 数据的结构，然后就可以编写 Lua 解析脚本。作为例子，此处假设将温度、湿度、风向 3 个气象数据按照如图 7.16 所示的格式组合成一段 TCP 数据。下面将这类 TCP 数据称为 HEX 数据。

| 字节序号 | 1 | 2 | 3 | 4 | 5 | 6 | 7 |
|---|---|---|---|---|---|---|---|
| 示例值 | 0x32 | 0x30 | 0x35 | 0x31 | 0x31 | 0x32 | 0x33 |
| 含义<br>(取值范围) | 温度<br>(0~30) | | 湿度<br>(0~99) | | 风向<br>(0~359) | | |

**图 7.16　HEX 数据的格式和含义**

由于 HEX 数据中包含了 3 个气象数据，因此需要 3 次调用 add_val()。每次调用时都需要根据数据的长度对函数的参数进行修改。最终得到的解析函数为：

```
-- 示例代码\ch7\ch7 - 2TCPScriptDemo.lua
function device_data_analyze(dev)
    local t = {}
    local a = 0
    local s = dev:size()
    add_val(t, "Temperature", a, dev:bytes(1, 2))    -- 温度数据，第 1~2 字节
    add_val(t, "Humidity", a, dev:bytes(3, 2))       -- 湿度数据，第 3~4 字节
    add_val(t, "WindDirection", a, dev:bytes(5, 3))  -- 风向数据，第 5~7 字节
    dev:response()
    dev:send("received")
    return s, to_json(t)
end
```

使用 ScriptDebugger 对修改好的脚本进行测试。首先输入十六进制数据"32 30 35 31 31 32 33"（即 2051123），测试工具给出如下解析结果：

```
analyze result: size = 7, json = "[{"i":" Temperature", "v":"20"}, {"i":" Humidity", "v":
"51"}, {"i":" WindDirection", "v":"123"}]".
send data to device: data = "7265636569766564".
received device response!
```

从第一行结果看，共解析出 3 个数据：第一个数据为 20，属于数据流 Temperature；第二个数据为 51，属于数据流 Humidity；第三个数据为 123，属于数据流 WindDirection。这组解析结果是正确的。

**4. 解析脚本的上传**

在测试好解析脚本后，就可以在项目的设备列表页面上传解析脚本了。单击设备页面的"上传脚本"按钮，打开"上传脚本"对话框，如图 7.17 所

**图 7.17　上传脚本页面**

示。选择编辑好的脚本文件并输入脚本名称(该名称是 OneNET 平台区分脚本的依据,本例设置为 MyScript)即可上传。

## 7.1.7 使用网络调试助手测试 TCP 解析脚本

将脚本上传到 OneNET 平台后,可以使用网络调试助手 SSCOM 作为客户端对脚本进行测试。因为可以全面控制 SSCOM 和服务器的通信过程,所以能大大地提高调试效率。

**1. 连接服务器**

图 7.18 使用 SSCOM 连接 OneNET 服务器的参数设置

如图 7.18 所示,在 SSCOM"端口号"一栏选择 TCPClient,在"远程"一栏填入 OneNET 的 TCP 透传服务地址 183.230.40.40,端口号填入 1811,然后单击"连接"按钮。该地址和端口号可以在 OneNET 的帮助文档中找到。

**2. 发送登录报文**

使用 SSCOM 建立 TCP 连接后,服务器还不知道所连接的是哪个"设备"。为了表明自己的身份,需要发送登录报文。OneNET 规定登录报文的格式为:

```
* $ PID # $ AUTH_INFO # $ PARSER_NAME *
```

其中,* 为引导符,# 为分隔符。PID 为产品 ID,即创建产品时平台生成的唯一数字标识(见图 7.12)。AUTH_INFO 为设备鉴权信息,是创建设备时指定的字符串(见图 7.13)。PARSER_NAME 为用户自定义解析脚本的名称(见图 7.17)。

根据上述报文格式要求,本例使用的登录报文为:

```
* 524423 # 12345 # MyScript *
```

将登录报文填入 SSCOM 的发送区并发送,服务器会回应"received",如图 7.19 所示。OneNET 平台设备管理页面中的设备也会由"离线"状态变为"在线"状态,如图 7.20 所示。

图 7.19 使用 SSCOM 发送登录报文并收到服务器回应

图 7.20　发送登录报文后，设备处于在线状态

**3. 发送数据**

在 SSCOM 中勾选"十六进制发送"（与串口调试助手的"十六进制发送"含义相同），输入十六进制数"32 30 35 31 31 32 33"（数字之间用空格分开）。单击"发送"按钮即可将数据发送到 OneNET 服务器。服务器会发送"received"作为回应，如图 7.21 所示。

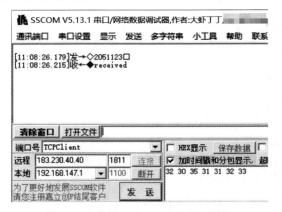

图 7.21　使用 SSCOM 发送测试数据

打开 OneNET 中的设备数据流页面，可以看到服务器已经成功地接收、解析了数据，如图 7.22 所示。

图 7.22　OneNET 平台解析的测试数据

视频讲解

# 7.2　实践案例：简易气象站程序 V2.0 的实现

本节会为 V1.0 版的简易气象站程序增加 TCP 通信的功能，将测量结果通过 TCP 协议上传到 OneNET 平台上（参见示例代码\ch7\ch7-3SimpleWeatherStationV2.0\）。同时

还要完成 OneNET 服务器的配置,从而对上传的数据进行解析。

## 7.2.1　TCP 通信的实现

### 1. 建立 TCP 连接并登录服务器

首先为主窗口类增加 QTcpSocket 类型的成员变量指针:

```
private:
    QTcpSocket * m_TCPSocket;
```

然后在主窗口类的构造函数中为该指针申请内存:

```
m_TCPSocket = new QTcpSocket();
```

由于 TCP 支持长连接,因此可以在开启 TCP 通信时建立连接并发送登录报文,在关闭 TCP 通信功能时关闭连接。仍然采用前面的方法为 TCP 通信开关控件 imageSwitchTCP 注册事件过滤器:

```
ui -> imageSwitchTCP -> installEventFilter(this);
```

然后为 TCP 通信开关控件 imageSwitchTCP 编写鼠标单击事件处理程序:

```
if (obj == ui -> imageSwitchTCP)
{
    if (event -> type() == QEvent::MouseButtonPress)
    {
        QMouseEvent * event2 = static_cast < QMouseEvent * >(event);
        if (event2 -> button() == Qt::LeftButton)
        {
            if (!ui -> imageSwitchTCP -> getChecked())
            {
                m_TCPSocket -> connectToHost("183.230.40.40", 1811);
                connect(this, SIGNAL(signal_newDataArrived()), this, SLOT(slot_TCPSendToOneNET()));

                QString AuthInfo = QString(" * %1♯%2♯%3 * ").arg(ui -> lineEditProductID ->
text()).arg(ui -> lineEditAuthCode -> text()).arg(ui -> lineEditScriptName -> text());
//组装登录报文
                m_TCPSocket -> write(AuthInfo.toUtf8());

                QEventLoop eventLoop;
                connect(m_TCPSocket, SIGNAL(readyRead()), &eventLoop, SLOT(quit()));
                QTimer::singleShot(2000, &eventLoop, SLOT(quit()));
                eventLoop.exec();
                disconnect(m_TCPSocket, SIGNAL(readyRead()), &eventLoop, SLOT(quit()));

                QByteArray buffer = m_TCPSocket -> readAll();
                printLog("服务器返回", buffer);
```

```
        }
        else
        {
            m_TCPSocket -> close();
            disconnect(this, SIGNAL(signal_newDataArrived()), this, SLOT(slot_TCPSendToOneNET()));
        }
    }
  }
}
```

### 2. HEX 数据的生成

登录服务器后就可以发送 HEX 数据了。在本例中，按照图 7.23 的格式将气象站测量结果转换为 HEX 数据。如果数据位数不足，则在数据左侧补零。

| 编号 | 1 | 2 | 3 | 4 | 5 | 6 | 7 | 8 | 9 |
|---|---|---|---|---|---|---|---|---|---|
| 含义 | 湿度<br>如23%RH 即发送23 | | | 温度<br>如-13.61℃ 即发送-13.61 | | | | | |
| 编号 | 10 | 11 | 12 | 13 | 14 | 15 | 16 | 17 | 18 |
| 含义 | 海拔高度<br>如-160m 即发送-160 | | | | 气压<br>如101.325kPa 即发送101.325 | | | | |
| 编号 | 19 | 20 | 21 | 22 | 23 | 24 | 25 | 26 | 27 |
| 含义 | 气压 | | 照度<br>如123400Lux 即发送123400 | | | | | | 风速 |
| 编号 | 28 | 29 | 30 | 31 | 32 | 33 | — | — | — |
| 含义 | 风速<br>如12.3m/s 即发送12.3 | | | 风向<br>如190° 即发送190 | | | — | — | — |

**图 7.23　气象站程序在进行 TCP 通信时的 HEX 数据格式**

由于 GY-39 模块和 PR-3000 模块均有自己的类，所以在这两个类中分别生成各自的 HEX 数据，最后将两段 HEX 数据拼接在一起即可。在本例中，用于生成 HEX 数据的函数统一命名为 dataToHex()。ClassGY39 类 dataToHex()函数的代码为：

```
QByteArray ClassGY39::dataToHex()
{
    QByteArray qbaHexData;
    qbaHexData.append(QString("%1").arg(getHumidity(), 3));
    qbaHexData.append(QString("%1").arg(getTemperature(), 6));
    qbaHexData.append(QString("%1").arg(getAltitude(), 4));
    qbaHexData.append(QString("%1").arg(getPressure(), 7));
    qbaHexData.append(QString("%1").arg(getIllumination(), 6));
    return qbaHexData;
}
```

ClassPR3000 类 dataToHex()函数的代码为：

```
QByteArray ClassPR3000::dataToHex()
{
    QByteArray qbaHexData;
    qbaHexData.append(QString("%1").arg(getWindSpeed(), 4));
    qbaHexData.append(QString("%1").arg(getWindDirection(), 3));
    return qbaHexData;
}
```

使用下列代码可以将两段 HEX 数据组合在一起：

```
QByteArray qbaDataToSend;
qbaDataToSend = m_GY39Device->dataToHex();
qbaDataToSend.append(m_PR3000Device->dataToHex());
```

### 3. 使用 TCP 发送数据

新建一个槽函数 slot_TCPSendToOneNET()，负责控制生成 HEX 数据、发送 HEX 数据、接收服务器响应的流程。具体代码为：

```
void MainWindow::slot_TCPSendToOneNET()
{
    QByteArray qbaDataToSend;
    qbaDataToSend = m_GY39Device->dataToHex();
    qbaDataToSend.append(m_PR3000Device->dataToHex());   //拼合 HEX 数据
    m_TCPSocket->write(qbaDataToSend);

    QEventLoop eventLoop;
    connect(m_TCPSocket, SIGNAL(readyRead()), &eventLoop, SLOT(quit()));
    QTimer::singleShot(1000, &eventLoop, SLOT(quit()));
    eventLoop.exec();
    disconnect(m_TCPSocket, SIGNAL(readyRead()), &eventLoop, SLOT(quit()));

    QByteArray qbaResponse = m_TCPSocket->readAll();
    printLog("服务器返回", qbaResponse);
}
```

## 7.2.2　TCP 解析脚本的编写

由于气象站只负责将数据上传到服务器，不考虑服务器下发的数据，因此只需要按照图 7.23 将示例脚本的 device_data_analyze(dev) 函数修改并上传即可（本例中 OneNET 上的脚本名称设为 script）。修改后的 device_data_analyze(dev) 函数内容如下：

```
-- 示例代码\ch7\ch7-4TCPScript.lua
function device_data_analyze(dev)
    local t = {}
    local a = 0
```

```
    local s = dev:size()
    add_val(t, "Humidity", a, dev:bytes(1, 3))
    add_val(t, "Temperature", a, dev:bytes(4, 6))
    add_val(t, "Altitude", a, dev:bytes(10, 4))
    add_val(t, "Pressure", a, dev:bytes(14, 7))
    add_val(t, "Illumination", a, dev:bytes(21, 6))
    add_val(t, "WindSpeed", a, dev:bytes(27, 4))
    add_val(t, "WindDirection", a, dev:bytes(31, 3))
    dev:response()
    dev:send("received")
    return s, to_json(t)
end
```

# ■ 7.3 程序运行结果 ◆

本章主要完成了程序的 TCP 通信功能。这部分内容和程序界面的关联较少，因而 V2.0 版程序的界面和 V1.0 版程序的界面几乎完全相同。

（1）在程序的 TCP 通信区域输入产品 ID、鉴权码、脚本名称。然后在程序中打开 TCP 通信开关，随即 OneNET 平台显示设备在线，如图 7.24 和图 7.25 所示。

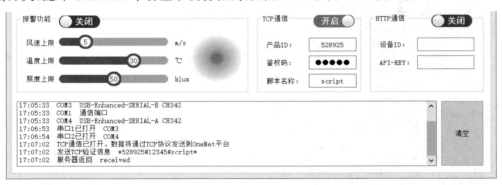

**图 7.24 程序中打开 TCP 通信开关**

| 设备ID | 设备名称 | 关联脚本 | 设备状态 | 最后在线时间 |
|--------|---------|---------|---------|-------------|
| 958883144 | 气象站 | script | 在线 | 2022-08-29 17:07:00 |

**图 7.25 OneNET 平台显示设备在线**

在程序中关闭 TCP 通信开关，OneNET 平台显示设备离线，如图 7.26 和图 7.27 所示。

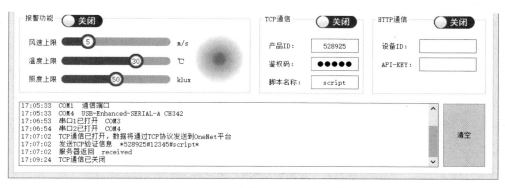

图 7.26　程序中关闭 TCP 通信开关

图 7.27　OneNET 平台显示设备离线

（2）打开 TCP 通信开关,在程序中读取一组硬件测量数据,程序会自动将结果上传到 OneNET 平台,如图 7.28 和图 7.29 所示。

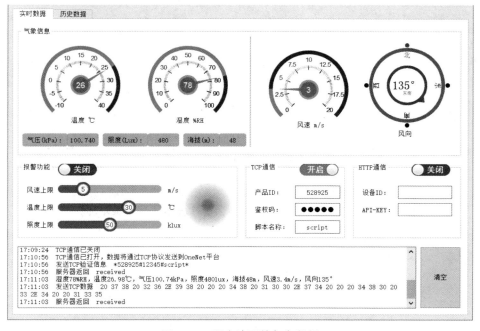

图 7.28　程序读取的气象数据

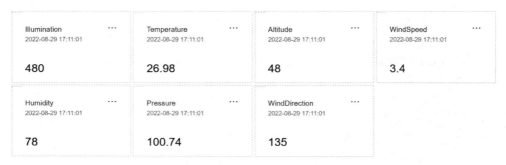

图 7.29　OneNET 接收并解析的气象数据

（3）重新运行程序,输入错误的产品 ID、鉴权码、脚本名称。然后在程序中打开 TCP 通信开关,服务器没有发回登录成功的提示,如图 7.30 所示。

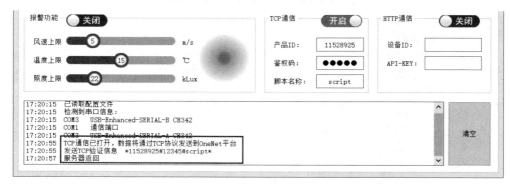

图 7.30　使用错误的产品 ID 登录服务器的结果

使用错误的产品 ID 登录 OneNET 服务器后,设备页面依然显示设备离线,如图 7.31 所示。

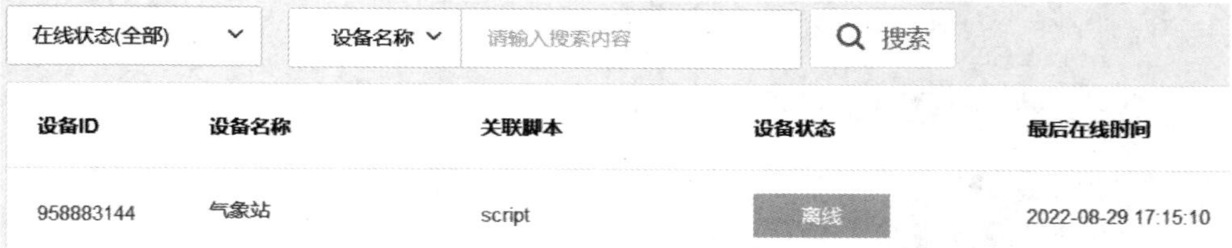

| 设备ID | 设备名称 | 关联脚本 | 设备状态 | 最后在线时间 |
|---|---|---|---|---|
| 958883144 | 气象站 | script | 离线 | 2022-08-29 17:15:10 |

图 7.31　使用错误的产品 ID 登录 OneNET 服务器后,设备页面依然显示设备离线

# 7.4　本章小结

本章介绍了网络通信的相关知识,实现了气象站和 OneNET 平台的 TCP 通信。同时编写了数据解析脚本,帮助服务器实现了数据的解析。读者在学习了本章内容后,可以继续学习编写 TCP 服务器的方法,并试着仿照 SSCOM 软件编写一个 TCP 网络调试助手,提供

TCP Client 和 TCP Server 两种调试模式。

## 扩展阅读：我国云计算产业的发展

　　2009 年,云计算的概念开始进入人们的视野。国内外厂商积极尝试布局云计算市场,研究新的解决方案与商业模式。2010 年,云计算概念在中国落地,大量的云计算解决方案、技术与标准开始逐步推广。互联网和 IT 行业成为云计算技术的第一批关注者和使用者。在《推动企业上云实施指南(2018—2020 年)》的带动下,地方政府积极响应,以上海、浙江、福建、江苏为代表的 20 多个省市出台了相应推动政策,为我国云计算发展提供了较好的市场环境。

　　2018 年,包括公有云、私有云、专有云和混合云等在内的云服务整体市场突破了千亿元大关,一路高速增长。根据艾瑞咨询的统计数据,2021 上半年,公有云市场规模为 1235 亿元,同比增速为 48.8%,占整体云市场规模的 76.2%。阿里云、华为云、腾讯云在 2021 年上半年中国 IaaS 公有云市场和中国 IaaS＋PaaS 公有云市场处在三甲位置。

　　对于从业人员而言,云计算的快速发展也带来了大量的求职机会。同样根据艾瑞咨询的统计数据,云计算领域人才月均薪酬在 1 万元以上的占比高达 93.7%,3 万元以上占比达 24.7%,反映出市场对于云计算相关专业技术人才的强烈需求。

# 第8章
## CHAPTER 8

# 使用HTTP与中国移动物联网平台通信

TCP 和 HTTP 是互联网的两块基石。第 7 章讲解了 TCP 相关的知识,并完成了气象站程序和中国移动 OneNET 物联网平台的通信。本章则围绕 HTTP 和 JSON 数据交换格式展开。

HTTP 是网络上最常用的协议之一,JSON 则是 HTTP 通信中极为常用的数据交换格式。本章首先讲解 HTTP 通信的知识,如 HTTP 的报文格式、Qt 进行 HTTP 通信的方法等;然后讲解 JSON 的相关知识,如 JSON 的语法规范、cJSON 库的使用、复杂 JSON 的生成和解析等。

在本章的实践案例部分,继续对 V2.0 版的气象站程序进行升级,增加了 HTTP 网络通信功能,通过 JSON 实现了气象站程序和 OneNET 物联网平台的通信。同时还使用 OneNET 平台的在线应用功能设计了在线数据展示页面,方便进行远程数据监控。

## ▦ 8.1　基础知识

### 8.1.1　HTTP 简介

#### 1. HTTP 的历史

视频讲解

超文本(Hyper Text)是一种组织信息的方式,通过超链接将文字、图表和其他信息媒体相关联。这些相互关联的信息媒体可能位于同一文件中,也可能位于多个文件中,甚至可能位于地理位置相距遥远的不同计算机上。在互联网上常用使用 HTML(Hyper Text Markup Language,超文本标记语言)来组织超文本。而 HTTP(Hyper Text Transfer Protocol,超文本传输协议)则用于从 Web 服务器传输超文本文档到客户端。使用 HTTP 不但可以正确、快速地传输超文本文档,还能调整超文本文档各个部分的传输顺序(例如,先传输文本,后传输图片)。

HTTP 诞生于 1991 年,最初的版本号是 0.9。HTTP/0.9 定义了客户端发起请求、服务器端响应请求的通信模式,能完成从服务器读取一个 HTML 文档的任务。

随着互联网的发展,图片、音频、视频等不同类型的文件在网络中越来越常见。1996

年,HTTP/1.0 诞生。它在 HTTP/0.9 的基础上增加了 HEAD、POST 等新方法,增加了响应状态码并引入了 HTTP Header(HTTP 头部)。尤其是 HTTP 头部的引入,有效地解决了传输不同类型文件的问题,同时实现了内容缓存、身份认证等功能。

HTTP/1.0 最大的不足是连接过程的复杂性。HTTP/1.0 每进行一次通信,都需要经历建立连接、传输数据和断开连接 3 个阶段。当一个页面引用了较多的外部文件时,建立连接和断开连接的过程会显著增大网络开销。为解决这一问题,1999 年推出的 HTTP/1.1 引入了长连接、并发连接、管道机制等,大大减少了连接次数。HTTP/1.1 是极为经典的 HTTP 版本,目前仍旧有着广泛的应用。

2015 年正式发布的 HTTP/2 默认不再使用 ASCII 编码传输数据,而是改为传输二进制数据。客户端在发送请求时会将每个请求的内容封装成带有编号的帧,然后将这些帧同时发送给服务器。服务器接收到数据之后,会根据编号还原出请求的内容。服务器向客户端发送数据时也遵循上述帧的拆分与组合过程。这种利用一个连接来发送多个请求的方式称为"多路复用"。目前,HTTP/2 是使用最广泛的 HTTP 版本之一。

2018 年发布的 HTTP/3 将底层依赖的 TCP 改成了 UDP(User Datagram Protocol,用户数据报协议)。UDP 相对于 TCP 最大的特点是传输数据时不需要建立连接,只要知道对方的 IP 和端口号即可通信。UDP 传输效率很高,但是没有确认机制来保证对方能收到正确的数据。

截止到本书成书时,最新版本的 HTTP 为 HTTP/3。

**2. HTTP 的工作过程**

因为 HTTP 通信常用于网络浏览器(如 Chrome、Microsoft Edge、Firefox、Internet Explorer 等)和服务器之间的通信,所以本节也以浏览器为例来说明 HTTP 的工作过程。使用 HTTP 进行通信的过程大致分为以下几步(此处不考虑基于 UDP 的 HTTP/3)。

(1)建立 TCP 连接。在进行 HTTP 连接之前,浏览器首先要解析服务器的域名,从而得到服务器 IP 地址。然后再和服务器建立 TCP 连接(TCP 的端口号是 80)。在建立 TCP 连接的过程中需要进行 3 次握手。

(2)浏览器向服务器发送 HTTP 请求。一旦建立了 TCP 连接,浏览器就可以向服务器发送 HTTP 请求。HTTP 请求是一串具有特定格式和含义的文本,一般将之称为请求报文。浏览器发送的请求报文不仅包括客户端需要的文档信息,还包含 Accept、User-Agent 等附加信息。

(3)服务器应答。服务器接到 HTTP 请求后会做出应答。应答内容包括 HTTP 的版本号、应答状态码、被请求的文档内容等。一般将这些信息称为 HTTP 的响应报文。请求报文和响应报文的内容将在 8.1.2 节和 8.1.3 节讲解。

(4)服务器关闭 HTTP 连接。一般情况下,一旦服务器响应了浏览器的 HTTP 请求后,就要关闭 HTTP 连接。如果浏览器或者服务器在其报文中加入 Connection:keep-alive 字段,HTTP 连接就会保持打开状态。这样浏览器就可以继续发送 HTTP 请求,无须为每个 HTTP 请求建立新的连接。

（5）重复步骤（2）～（4），浏览器请求并接收服务器应答的 HTML、CSS、JS、图片等文档，然后进行页面渲染，或者将接收到应答文件进行保存。

（6）服务器关闭 TCP 连接。HTTP 连接是短连接，TCP 连接是长连接。一个 TCP 连接可以贯穿整个服务器/浏览器的交互周期。当服务器决定不再与浏览器通信时，就会关闭 TCP 连接。在关闭 TCP 连接的过程中需要进行 4 次挥手。虽然 TCP 3 次握手和 4 次挥手的过程非常经典，但是与本章内容联系较弱，因而不再展开讲解。

## 8.1.2 HTTP 请求报文

在 HTTP 中，信息的交换都是通过报文进行的。根据信息传递的方向不同，报文可以分为请求报文（浏览器/客户端发送至服务器）和响应报文（服务器发送至浏览器/客户端）。本节以经典且广泛使用的 HTTP/1.1 为例介绍请求报文的内容，8.1.3 节则介绍响应报文的内容。

### 1. 请求报文格式概述

HTTP/1.1 的请求报文由 4 部分组成，分别是请求行（Start Line）、头部（HTTP Headers）、空行（Empty Line）、实体（Entity），如图 8.1 所示。请求行由请求方法（HTTP Method）、URL（Uniform Resource Locator，统一资源定位符）、协议版本（HTTP Version）几部分组成。头部位于请求行之后，个数不限，甚至可以没有。头部的每一行都包含一个头部字段名（Header）和对应的值（Value）。它们之间用冒号“:”分隔。实体是请求报文的数据，主要在 POST 方法中使用。如果请求方法为 GET，那么请求数据为空。实体与头部之间用一个空行分隔开来。报文中的空格、回车符和换行符均不可省略。

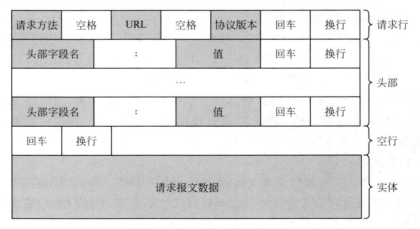

**图 8.1 HTTP 请求报文的结构**

在详细讲解请求报文各个字段的含义之前，不妨先简单浏览两段请求报文。

下面是第一段 HTTP 请求报文。在这段报文中，请求方法是 POST，URL 为/stats/i，协议版本是 HTTP/1.1。头部共有 10 行（从 Host 行开始至 Cookie 行结束，其中 Host 和

Cookie 的内容以 *** 替代),实体共有 1 行(即 order 所在行)。

```
POST /stats/i HTTP/1.1
Host: ***.***.com
User-Agent: Mozilla/5.0 (Windows NT 10.0; Win64; x64; rv:102.0) Gecko/20100101
Accept: text/javascript
Accept-Language: zh-CN,zh;q=0.8,zh-TW;q=0.7,zh-HK;q=0.5,en-US;q=0.3,en;q=0.2
Accept-Encoding: gzip, deflate, br
Content-Type: application/x-www-form-urlencoded
Content-Length: 302
Origin: https://***.***.com
Connection: keep-alive
Cookie: ***

order=[{"field":"N","desc":"false"}]
```

下面是第二段 HTTP 请求报文。在这段报文中,请求方法是 GET,URL 为/search/
users?q=keyword,协议版本也是 HTTP/1.1。头部共有 7 行(从 Host 行开始至 Cookie
行结束,其中 Host 和 Cookie 的内容以 *** 替代)。该报文没有实体部分。

```
GET /search/users?q=keyword HTTP/1.1
Host: ***.***.com
User-Agent: Mozilla/5.0 (Windows NT 10.0; Win64; x64; rv:102.0) Gecko/20100101
Accept: text/html,application/xhtml+xml,application/xml;q=0.9,image/avif,image/webp,*/
*;q=0.8
Accept-Language: zh-CN,zh;q=0.8,zh-TW;q=0.7,zh-HK;q=0.5,en-US;q=0.3,en;q=0.2
Accept-Encoding: gzip, deflate, br
Connection: keep-alive
Cookie: ***
```

**2. 请求行**

请求行包括协议版本、URL、请求方法 3 个部分。

1) 协议版本

协议版本是请求行中最简短的一项,指 HTTP 的版本。目前常见的有 HTTP/1.1 和
HTTP/2 两种。

2) URL

URL(Uniform Resource Locator,统一资源定位符)是互联网上用于表示信息位置的
方法。在 HTTP 中,URL 的构成如下:

```
http://<host>:<port>/<path>?<searchpart>
```

其中,<host>指服务器的域名或 IP 地址,<port>指服务器的端口,/<path>指资源在主机
上的路径,<searchpart>是查询字符串。<port>、/<path>、<searchpart>这几部分是可选
的。如果<port>部分省略,那么默认使用 80 端口。

HTTP 报文请求行中的 URL 是删除 http://<host>:<port>后剩下的部分,即

```
/< path >?< searchpart >
```

而删除掉的< host >:< port >这部分内容则放到了头部字段中。

3）请求方法

HTTP采用"请求-应答"模式工作。客户端进行任何操作都需要通过请求方法向服务器说明自己的意图。在HTTP中,定义了以下8种请求方法。

（1）GET方法。用于客户端从服务器获取资源。这里的资源是广义的资源,包括文本、图像、声音、视频、程序运行结果等。

（2）POST方法。用于请求服务器对指定的资源做出处理。因为POST方法可能会修改服务器的内容,因此使用时要慎重。

（3）HEAD方法。与GET方法的功能类似,但是报文中不含有实体部分。

（4）PUT方法。向服务器写入文档。文档的内容是请求的实体部分,文档的名称则由请求的URL指定。此外,PUT方法还可以替换已存在的URL。

（5）DELETE方法。请求服务器删除URL指定的资源。因为HTTP规范允许服务器在不通知客户端的情况下撤销请求,所以删除操作不一定会执行。

（6）OPTIONS方法。请求服务器告知其支持的各种功能（有些服务器可能支持对一些特殊类型的对象使用特定的操作）。使用OPTIONS方法可以在不用真正访问服务器资源的情况下判定资源访问的最优方式。

（7）CONNECT方法。要求服务器建立一条由浏览器到请求目标的隧道连接。隧道可以使用TLS（Transport Layer Security,安全传输层协议）进行保护。

（8）TRACE方法。主要用于网络测试或诊断。TRACE方法要求Web服务器将请求内容沿原路返回给客户端,从而对请求报文的传输路径进行追踪。

在以上8种请求方法中,最常用的是GET、POST、PUT、DELETE这4种。现在很多服务器的后端软件所提供的RESTful API接口规范的Web服务都支持这4种请求方法。

**3. 头部**

头部由一系列的"字段:值"构成。在HTTP工作时,头部起到了传递额外信息的作用。HTTP/1.1定义了47种头部字段,下面是其中常用的部分。

Host：请求的服务器域名和端口号。

User-Agent：用户代理,包含客户端的基本信息。不同的浏览器有不同的User-Agent,如Mozilla/5.0（Windows NT 10.0；Win64；x64；rv：102.0）Gecko/2010010。

Accept：指定浏览器能够接受的内容类型,如text/html,application/xhtml+xml,application/xml；q=0.9,image/avif,image/webp,*/*；q=0.8。

Accept-Encoding：浏览器支持的压缩编码类型,如gzip。

Accept-Language：浏览器可接受的语言,如zh-CN,zh；q=0.8,en-US；q=0.7。

Connection：是否启用长连接,如keep-alive。HTTP/1.1默认使用长连接。

Cookie：HTTP请求发送时,会把请求域名下的cookie一起发送给服务器。

Content-Length：请求报文中实体的长度（单位为字节），如 1000。

Content-Type：实体的 MIME 信息，如 text/html；charset ＝ utf-8（即实体内容是 HTML 网页，编码是 UTF-8）。

**4. 实体**

实体是 HTTP 报文的负荷，是希望通过 HTTP 传输的具体数据内容。该数据既可以是二进制数据流，也可以是格式化的文本等。

## 8.1.3  HTTP 响应报文

**1. 响应报文格式概述**

当服务器收到客户端的请求报文后，就会做出响应并发送响应报文。响应报文也由 4 部分组成，包括状态行（Status Line）、头部（Headers）、空行（Empty Line）、实体（Entity），如图 8.2 所示。响应报文在结构上与请求报文几乎完全一致，只是个别字段的作用不同。

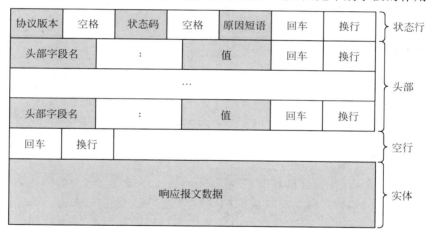

**图 8.2  HTTP 响应报文的结构**

下面是一段响应报文。协议版本为 HTTP/1.1，状态码为 304，原因短语为 Not Modified（其含义是在浏览器上一次访问该页面到这一次访问该页面的这段时间里，页面内容没有发生改变）。报文的头部共有 5 行（从 Server 行开始，到 Cache-Control 行结束），实体有 5 行（报文的最后 5 行）。

```
HTTP/1.1 304 Not Modified
Server: nginx
Date: Tue, 05 Jul 2022 11:12:58 GMT
Connection: keep－alive
Last－Modified: Sat, 02 Jul 2022 03:19:16 GMT
Cache－Control: no－cache

@charset "utf－8";
body a {
```

```
        - webkit - transition: all 0s ! important;
        - moz - transition: all 0s ! important;
    }
```

**2. 状态行**

响应报文的状态行包含了协议版本（HTTP Version）、状态码（Status Code）和原因短语（Reason Phrase）。

1）HTTP 版本

含义与内容均与请求报文的 HTTP 版本相同。

2）状态码

服务器会根据客户端的请求返回一个状态码，表示对客户端请求的处理结果。HTTP 状态码的数量有很多。表 8.1 列出了状态码的大致分类和每一类的含义。在网络上最常见的状态码应该就是 404 Not Found（404 未找到）了。

表 8.1　HTTP 响应状态码的分类及含义

| 状 态 码 | 含 义 |
|---|---|
| 1xx | 信息类，即服务器收到请求，需要请求者继续执行操作 |
| 2xx | 成功类，操作被成功接收并处理 |
| 3xx | 重定向类，需要进一步的操作以完成请求 |
| 4xx | 客户端错误类，请求包含语法错误或无法完成请求 |
| 5xx | 服务器错误类，服务器在处理请求的过程中发生了错误 |

3）原因短语

原因短语指一个简短的、纯信息的、针对状态码的文本描述。通过原因短语可以对状态码进行解释说明。例如状态码 200 对应的原因短语为 OK，指请求成功。状态码 301 对应的原因短语为 Moved Permanently，指所请求的内容已经永久性地移动到别的位置。状态码 429 对应的原因短语为 Too Many Requests，指客户端在一段时间内向服务器发送了过多的请求。

**3. 头部**

响应报文的头部用于描述服务器的基本信息和实体的信息。服务器通过头部可以告知客户端应该如何处理报文数据。响应报文的头部字段有很多，下面是其中常用的部分。

Allow：指明服务器支持哪些请求方法，如 GET、POST 等。

Content-Encoding：文档的编码方法。只有在解码之后才可以得到 Content-Type 头指定的内容类型。

Content-Length：表示响应报文实体的长度（单位为字节）。

Content-Type：指明实体的 MIME 类型。

Connection：与请求报文相同，当处于长连接时，取值为 keep-alive。

Date：当前的 GMT 时间，例如，"Tue, 05 Jul 2022 11:12:58 GMT"。

Expires：告知浏览器把服务器发送的资源缓存多长时间，-1 或 0 表示不进行缓存。

Last-Modified：文档的最后改动时间，如"Sat，02 Jul 2022 03：19：16 GMT"。

Location：配合 302 状态码使用，用于重定向到一个新的地址。

Server：将服务器的类型告知浏览器，如 nginx。该值由服务器自动设置。

Set-Cookie：设置和页面关联的 Cookie。

**4. 实体**

实体存储着服务器响应的主要内容，如数据、HTML 文档代码等。

## 8.1.4　使用 Qt 进行 HTTP 通信

视频讲解

在讲解了 HTTP 报文知识以后，就可以通过 Qt 提供的类进行 HTTP 通信了。本节首先介绍 Qt 中 HTTP 通信相关类的使用方法，然后完成一个简易浏览器程序。

**1. Qt 的 HTTP 通信类**

Qt 的网络模块提供了支持 HTTP 通信的类 QNetworkRequest、QnetworkAccessManager 和 QNetworkReply。要在程序中使用这些类，需要在项目的 .pro 文件中引用 network 模块：

```
QT += network
```

同时在源文件中引用头文件：

```
#include <QNetworkRequest>
#include <QNetworkAccessManager>
#include <QNetworkReply>
```

简单来说，QNetworkAccessManager 类对象负责协调和指挥整个通信流程。QNetworkRequest 类对象用于存储 HTTP 请求的信息。QNetworkReply 类对象用于保存、处理服务器的响应信息。QNetworkReply 类还提供了 finished()、readyRead() 等信号。在编程时可以根据信号执行相应的操作。

使用这几个类进行 HTTP 通信的过程可以分为 3 步。

（1）创建网络请求。使用 QNetworkRequest 类对象创建一个网络请求，同时设置请求报文的各项信息（如 URL、头部、实体内容等）。

例如在下面的这段代码中，首先创建了网络请求 req，然后调用 setUrl() 设置请求地址。QUrl 是 Qt 提供的用于处理网址的类，可以将网址转化为符合 Qt 处理要求的数据。setHeader() 和 setRawHeader() 可以设置请求报文的头部信息。具体区别是，setHeader() 可以设置已知类型的头部字段，如 Content-Type、User-Agent 等。这些头部字段由 QNetworkRequest 类中的共用体 KnownHeaders 定义。setRawHeader() 函数可以设置自定义的头部信息。像 OneNET 平台要求在头部信息中提供 APK-KEY，就可以通过 setRawHeader() 函数实现。

```
QNetworkRequest req;
req.setUrl(QUrl("www.***.com"));
req.setHeader(QNetworkRequest::ContentTypeHeader, "application/json");
req.setHeader(QNetworkRequest::UserAgentHeader, "Mozilla/5.0 (Windows NT 10.0)");
req.setRawHeader("Hello", "Hi");
```

(2) 执行网络通信。QNetworkAccessManager 类对象用于管理程序的 HTTP 通信,提供了 get()、post()、put()等多个函数,分别对应 HTTP 的 GET、POST、PUT 等方法。调用这些函数会返回一个 QNetworkReply 对象,里面保存着服务器的响应数据。一个程序只要有一个 QNetworkAccessManager 类对象即可。此外,QNetworkAccessManager 类还提供了一些信号,如收到服务器响应的 finished()信号,网络状态发生改变的 networkAccessibleChanged()信号等。

下面的代码演示了如何使用 QNetworkAccessManager 和 QNetworkRequest 进行一次完整的 POST 操作(见"示例代码\ch8\ch8-1HTTPPost\"):

```
QNetworkRequest req;
QNetworkAccessManager manager;
req.setUrl(QString("http://127.0.0.1:1200"));
req.setHeader(QNetworkRequest::ContentTypeHeader, "application/json");
req.setHeader(QNetworkRequest::UserAgentHeader, "Mozilla/5.0 (Windows NT 10.0)");
req.setRawHeader("Hello", "Hi");                //自定义头部
manager.post(req, "Content example");
```

如果用网络调试助手 SSCOM 作为 TCP 服务器,则可以接收这段代码发送的 POST 请求,如图 8.3 所示。

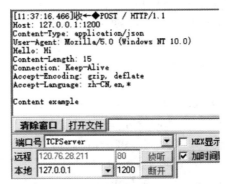

图 8.3 使用 SSCOM 接收程序的 POST 请求

在请求报文中,Hello:Hi 字段是通过 setRawHeader()函数自定义的,Content-Type 和 User-Agent 字段是通过 setHeader()指定的,其他字段则是 Qt 自动生成的。

如果将请求的网址修改为 http://127.0.0.1:1100/webpage/index.html,同时将 SSCOM 的监听端口修改为 1100,那么 SSCOM 服务器收到的请求报文变为:

```
POST /webpage/index.html HTTP/1.1          //URL 发生变化
Host: 127.0.0.1:1100                        //端口号发生变化
Content – Type: application/json
User – Agent: Mozilla/5.0 (Windows NT 10.0)
Hello: Hi
Content – Length: 15
Connection: Keep – Alive
Accept – Encoding: gzip, deflate
Accept – Language: zh – CN, en, *

Content example
```

由于在代码中只修改了网址和端口号,因此只有请求行中的 URL 和头部的 Host 字段发生了变化,其他内容没有发生变化。

(3) 接收服务器响应。QNetworkAccessManager 类对象将请求报文发送出去后,会将服务器的响应报文保存在一个 QNetworkReply 类对象中,并通过信号 finished(QNetworkReply ∗ )将这个 QNetworkReply 类对象的指针发射出去。因为 QNetworkReply 类也是 QIODevice 的子类,所以可以像操作串口一样调用 read()函数读取服务器返回的信息。

**2. HTTP 通信实例**

下面使用上面介绍的知识完成一个简易网页浏览器(参见示例代码\ch8\ch8-2SimpleHTTPBroswer\)。

(1) 设计浏览器界面。

新建一个 Qt 工程,在程序界面中放置一个用于输入网址的文本框控件(控件名为 lineEditURL)、一个用于显示网页内容的多行文本框控件(控件名为 textEditWebpage)、一个用于打开网页的按钮(控件名为 pushButtonGo),如图 8.4 所示。

**图 8.4 简易浏览器界面**

（2）为主窗口类增加 QNetworkAccessManager 类对象。

```
private:
    QNetworkAccessManager * m_manager;
```

在类的构造函数中为 m_manager 指针申请内存，并连接槽函数和 QNetworkReply 类的 finished()信号：

```
MainWindow::MainWindow(QWidget * parent) : QMainWindow(parent) , ui(new Ui::MainWindow)
{
    ui->setupUi(this);
    m_manager = new QNetworkAccessManager(this);            //申请内存
    connect(m_manager, SIGNAL(finished(QNetworkReply * )), this, SLOT(slot_webpageLoaded
(QNetworkReply * )));                                       //绑定完成信号
}
```

（3）完成槽函数 slot_webpageLoaded(QNetworkReply * reply)。该函数的作用是将服务器返回的信息显示在文本框中，代码如下：

```
void MainWindow::slot_webpageLoaded(QNetworkReply * reply)
{
    QString qstrReply = reply->readAll();
    ui->textEditWebpage->setText(qstrReply);   //读取服务器返回的信息
}
```

（4）完成"打开网页"按钮的槽函数，代码如下：

```
void MainWindow::on_pushButtonGo_clicked()
{
    QString url = ui->lineEditURL->text();      //从文本框读取网址
    QNetworkRequest req;                        //定义网络请求
    req.setUrl(url);                            //设置请求网址
    m_manager->get(req);                        //发送网络请求
}
```

图 8.5 是这个简易浏览器的测试结果。由于多行文本框控件对 HTML 的支持有限，因此只能显示出网页的部分内容，样式也比较单调。读者可以多测试几个网站。

## 8.1.5　JSON 和 cJSON 库

### 1. 什么是 JSON

视频讲解

JSON(JavaScript Object Notation)是一种轻量级的数据交换格式，采用完全独立于编程语言的文本格式来存储和表示数据。简洁、清晰的层次结构使之成为理想的数据交换语言，可以高效地传递大量数据。在开始学习 JSON 的知识前，不妨看一段描述 Zhang San 同学信息的 JSON 数据。该数据在后面会多次用到。

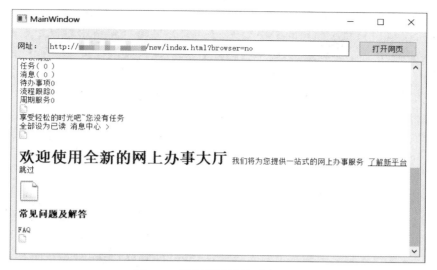

图 8.5 简易浏览器的测试结果

{"Name":"Zhang San", "Age":22," Address":{"City":"Nanjing", "Zipcode":"210000"}, "Skill":
["C", "C++", "Qt"]}

这是一个压缩形式的 JSON 数据,略去了所有的换行和缩进。如果从来没有接触过 JSON 的话,可能会对这段数据无从下手。实际上,这一段 JSON 数据还可以写成下列展开形式(可以使用 JSON 在线处理网站进行展开操作):

```
{                                    //最外层对象(根对象)
  "Name":"Zhang San",                //键 Name,值 Zhang San
  "Age":22,                          //键 Age,值 22
  "Address":{                        //键 Address,值是一个嵌套对象
    "City":"Nanjing",                //嵌套对象中的键 City,值 Nanjing
    "Zipcode":"210000"               //嵌套对象中的键 Zipcode,值 210000
  },                                 //嵌套对象结束
  "Skill": ["C", "C++", "Qt"],       //键 Skill,值是有 3 个元素的数组
}                                    //最外层对象(根对象)结束
```

展开后的 JSON 数据格式清晰、对应关系明确、易于阅读。哪怕是第一次接触 JSON,也可以轻易地分辨出姓名(Zhang San)、年龄(22)、城市(Nanjing)等信息。所以说 JSON 是一种既易于人工阅读又易于机器操作的数据交换格式。像风靡全球的游戏 Minecraft(我的世界)就使用 JSON 文件存储游戏配置和进度。

**2. JSON 的数据类型**

JSON 的数据类型有数值、字符串、布尔值、数组、对象等。

(1)数值,即十进制数,如 12、3.14、5.2e4 等。在 JSON 中,数值可以为负数,可以有小数部分,还可以用 e 或者 E 表示指数部分,但是不能有前导 0。JSON 不区分整数与浮点数。

（2）字符串，即以英文双引号包围起来的零个或多个 Unicode 字符，如"Hello"或""。Unicode 是一种在计算机上使用的字符编码，为每种语言中的每个字符设定了统一并且唯一的二进制编码，从而满足跨语言、跨平台进行文本转换、处理的要求。除了 Unicode 字符，JSON 支持反斜杠开始的转义字符序列。

（3）布尔值，即 true 或者 false。JSON 的布尔值必须是小写字母。

（4）数组，即有序的零个或者多个值，每个值可以为任意类型。数组使用英文方括号包围起来，元素之间用英文逗号分隔，如：["aa","bb","cc"]、[[3,1],[4,1],[5,9]]等。在 Zhang San 的 JSON 数据中，Skill 键的值就是一个数组。

（5）对象。对象以英文花括号包围起来，内部包含若干无序的键值对（Key-Value Pair）。不同键值对之间使用逗号分隔。键只能是字符串，值可以是上述各种类型的数据，也可以是另一个对象（即对象的嵌套）。JSON 建议对象中的键不重复，但并不强制。

掌握了上述知识后就会发现 Zhang San 同学的 JSON 数据理解起来十分方便。在这段 JSON 数据中，最外层对象中的键值对有 Name、Age、Address、Skill 四个，而且它们是同级别的。键 Address 的值是一个嵌套对象。这个嵌套对象又包含了两个键值对，即 City 和 Zipcode（它们两个也是同级的）。Skill 键的值是一个数组，包含了 3 个字符串元素。

**3. cJSON 库简介**

cJSON 库是一个使用 C 语言编写的 JSON 操作库，使用 MIT 开源协议托管在 GitHub 上，具有轻便、可移植、单文件的特点。使用 cJSON 库可以方便地生成、解析 JSON 数据。

cJSON 库的源代码文件只有两个，即 cJSON.h 和 cJSON.c。使用时，只要将这两个文件复制到 Qt 工程目录，然后使用 Qt 的"添加现有文件"功能导入即可使用（见图 8.6），十分方便。

图 8.6 通过"添加现有文件"功能导入 cJSON 库

**4. cJSON 库的设计思想和数据结构**

cJSON 在生成和解析 JSON 数据时，不是将一整段 JSON 数据作为整体进行处理，而是将整个 JSON 数据拆分成了一个一个的键值对。每个键值对都保存在一个 cJSON 结构体中。按照 JSON 数据的层次关系，处于同一级的 cJSON 结构体组成双向链表，不同的级的链表之间通过指针连接。

例如,使用 cJSON 库处理 Zhang San 的 JSON 数据时,会在内存中形成如图 8.7 所示的数据结构。其中 root 是整个数据结构的根节点,代表 JSON 数据最外层的对象。Name、Age、Address、Skill 四个键值对分别由单独的 cJSON 结构体保存,形成了一个双向链表。Address 的值是一个嵌套对象。该嵌套对象有两个键值对,即 City、Zipcode。它们对应的 cJSON 结构体形成了第二个双向链表。Skill 的值是一个嵌套数组。该嵌套数组有 3 个元素,即 C、C++、Qt。它们对应的 cJSON 结构体形成了第三个双向链表。

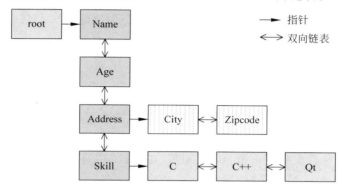

图 8.7 处理 Zhang San 的 JSON 数据时,内存中 cJSON 结构体的逻辑关系

由此可见,cJSON 结构体是整个 cJSON 库的核心。cJSON 结构体的定义位于 cJSON.h 中。为了便于讲解,此处将 cJSON 结构体的元素顺序进行了调整。调整后的代码如下:

```
typedef struct cJSON
{
    struct cJSON * prev;      //指向链表的上一个元素
    struct cJSON * next;      //指向链表的下一个元素

    char * string;            //键值对的键名,可为空

    int type;                 //键值对的值类型,通过不同数字表示

    char * valuestring;       //如果值类型是字符串,则该变量指向字符串内容
    int valueint;             //如果值类型是整型,则该变量保存整型数值
    double valuedouble;       //如果值类型是浮点数,则该变量保存浮点数值
    struct cJSON * child;     //如果值类型是对象或数组,则该变量指向嵌套对象或嵌套数组
                              //所在链表的头节点
} cJSON;
```

cJSON 结构体的成员可以分为下列 4 类。

(1)双向链表指针,即 next 和 prev 指针。同级别的 cJSON 结构体通过这两个指针组成了双向链表。next 和 prev 指针分别指向链表前一个和后一个元素。

(2)键值对的键名,保存在 string 指针指向的内存中。一般情况下,JSON 中每个键值对都有自己的键名和值。但是在特殊情况下可以只有值、没有键名。例如,在 Zhang San 的

JSON 中,最外层的对象(根对象)就属于这种情况。此外,数组的每个元素等也只有值,没有键名。下面将这种没有键名、只有值的 cJSON 结构体称为无名的 cJSON 结构体。

(3) 键值对的值类型,即 type 变量。cJSON.h 中共定义了 9 种类型,包括真、假、数字、字符串、数组、对象等。例如,type 为 8 意味着值的类型为数值,type 为 64 意味着值的类型为对象。

(4) 键值对的值。在 cJSON 结构体中,用不同的元素保存不同类型的值。例如,用 child 指针保存嵌套数组或嵌套对象所在链表的地址,用 valuestring 指针指向字符串内容,用 valueint、valuedouble 分别保存整数、浮点数。使用时,可以根据值类型变量 type 决定具体访问哪个元素。

下面来看两个例子。首先是一段有两个键值对的 JSON 数据:

```
{
    "Name":"Zhang San",
    "Age":22,
}
```

因为这段 JSON 数据只有一个 JSON 对象(也就根对象),对象中有两个键值对,所以需要 3 个 cJSON 结构体来保存这组 JSON 数据,如图 8.8 所示。Name 和 Age 对应的 cJSON 结构体构成一个双向链表。根对象本身则使用一个无名 cJSON 结构体保存,作为整个 cJSON 数据结构的起点。

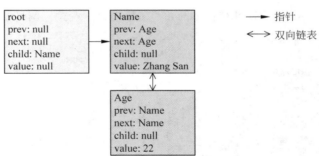

图 8.8　使用 cJSON 库处理只包含两个键值对的 JSON 数据时,cJSON 结构体的逻辑关系

在根对象 root 的 cJSON 结构体中,各元素取值为:

```
next: null,因为根对象没有同级的对象
prev: null,因为根对象没有同级的对象
string: null,因为根对象没有键名
type: 64,即本 cJSON 结构体的类型是对象
valuestring: null
valueint: 0
valuedouble: 0
child: 指向键值对 Name 和 age 构成的双向链表
```

键值对 Name 的 cJSON 结构体各个元素的取值为:

```
next: Age
prev: Age
string: Name,因为键名为 Name
type: 16,值的类型是字符串
valuestring: Zhang San,因为值的内容是字符串 Zhang San
valueint: 0
valuedouble: 0
child: null,因为值不是嵌套对象,所以没有 child
```

保存键值对 age 的 cJSON 结构体各个元素的取值为:

```
next: Name
prev: Name
string: Age,因为键名为 Age
type: 8,值的类型是数值
valuestring: null
valueint: 22
valuedouble: 0
child: null,因为值不是嵌套对象,所以没有 child
```

如果使用 cJSON 来处理整个 Zhang San 同学的 JSON 数据,情况就复杂得多了。图 8.9 是在图 8.7 的基础上增加了元素取值得到的。此时内存中存在 3 条双向链表。第一条由 Name、Age、Address、Skill 构成;第二条由 City、Zipcode 构成;第三条由 C、C++、Qt 构成。这 3 条链表通过指针联系在一起。通过分析图 8.9 给出的逻辑关系,可以加深对 JSON 数据和 cJSON 结构体链表关系的理解。

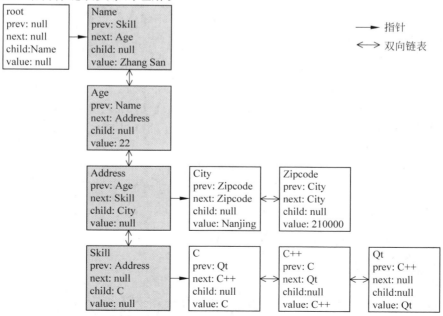

**图 8.9　使用 cJSON 库处理 Zhang San 的 JSON 数据时,cJSON 结构体的逻辑关系**

视频讲解

## 8.1.6　使用 cJSON 库生成 JSON 数据

通过上面的分析可以看到，JSON 实际上是键值对、对象、数组之间的嵌套和组合。cJSON 库提供了大量的函数用于生成 JSON 数据，使用起来非常灵活。受篇幅所限，本节只能挑选部分常用的函数进行讲解。

**1. 创建根对象**

在生成 JSON 数据时，首先可以使用 cJSON_CreateObject() 函数生成根对象指针，例如，

```
cJSON * root = cJSON_CreateObject();
```

通过这一行代码就可以生成一个空白的 JSON 对象：

```
{}
```

**2. 向对象中添加键值对**

JSON 数据由一系列键值对构成。cJSON 库提供了向任意对象（包括根对象）添加各种类型键值对的函数，例如，

```
cJSON * cJSON_AddNullToObject(cJSON * object, char * name);
cJSON * cJSON_AddTrueToObject(cJSON * object, char * name);
cJSON * cJSON_AddFalseToObject(cJSON * object, char * name);
cJSON * cJSON_AddBoolToObject(cJSON * object, char * name, bool boolean);
cJSON * cJSON_AddNumberToObject(cJSON * object, char * name, double number);
cJSON * cJSON_AddStringToObject(cJSON * object, char * name, char * string);
cJSON * cJSON_AddObjectToObject(cJSON * object, char * name);
cJSON * cJSON_AddArrayToObject(cJSON * object, char * name);
```

这些函数虽然数量较多，但命名都是 cJSON_Add * ToObject() 的形式，参数的含义和功能也极其相似。函数名中 * 代表新插入的键值对类型。例如，cJSON_AddNumberToObject() 可以向 cJSON 对象插入一个数值型的键值对。函数的第一个参数 object 是被插入的 cJSON 对象，第二个参数 name 是新插入的键值对的键名，第三个参数 number 是新插入的键值对的数值。

下列代码实现了向 cJSON 对象中插入不同类型键值对的功能：

```
cJSON * root = cJSON_CreateObject();
cJSON_AddNullToObject(root, "AddNull");
cJSON_AddTrueToObject(root, "AddBoolTrue");
cJSON_AddFalseToObject(root, "AddBoolFalse");
cJSON_AddBoolToObject(root, "AddBool", true);
cJSON_AddNumberToObject(root, "AddNum", 3.14);
cJSON_AddStringToObject(root, "AddString", "This is a string.");
cJSON * object = cJSON_AddObjectToObject(root, "AddObject");     //嵌套对象
cJSON * array = cJSON_AddArrayToObject(root, "AddArray");        //嵌套数组
```

运行这段代码会生成如下 JSON 数据：

```
{
    "AddNull":        null,
    "AddBoolTrue":    true,
    "AddBoolFalse":   false,
    "AddBool":        true,
    "AddNum":         3.14,
    "AddString":      "This is a string.",
    "AddObject":      { },
    "AddArray":       []
}
```

在上述代码的最后两行,分别向根对象插入了嵌套对象(键名为 AddObject)和嵌套数组(键名为 AddArray)。由于嵌套对象和嵌套数组的内部还可以继续插入内容,因此需要用指针 object 和 array 记录下来嵌套对象和嵌套数组的地址。通过这两个指针可以继续向嵌套对象或嵌套数组中插入内容,例如:

```
cJSON_AddNumberToObject(object, "Pi", 3.14);
```

### 3. 向数组添加元素

在 JSON 中,对象是键值对的容器,数组是元素值的容器。上面介绍了如何向对象中插入键值对,下面介绍如何向数组中插入元素。

如前所述,cJSON 中的数组元素通过无名 cJSON 结构体来表示。cJSON 库提供了下列函数来创建各种类型的无名 cJSON 结构体:

```
cJSON * cJSON_CreateNull(void);
cJSON * cJSON_CreateTrue(void);
cJSON * cJSON_CreateFalse(void);
cJSON * cJSON_CreateBool(cJSON_bool boolean);
cJSON * cJSON_CreateNumber(double num);
cJSON * cJSON_CreateString(const char * string);
cJSON * cJSON_CreateArray(void);
cJSON * cJSON_CreateObject(void);
```

创建好的无名 cJSON 结构体可以通过 cJSON_AddItemToArray() 插入到数组中。该函数的形参 array 是指向数组的指针,item 是指向无名 cJSON 结构体的指针:

```
cJSON_bool cJSON_AddItemToArray(cJSON * array, cJSON * item);
```

下列代码向根对象插入了 3 个数组,又分别向这 3 个嵌套数组中插入了不同类型的元素,如数值、嵌套对象、嵌套数组:

```
1    cJSON * root = cJSON_CreateObject();
2
3    //数组1,元素均为数字
```

```
4    cJSON * numArray = cJSON_AddArrayToObject(root, "NumnerArray");
5    cJSON_AddItemToArray(numArray, cJSON_CreateNumber(100));
6    cJSON_AddItemToArray(numArray, cJSON_CreateNumber(200));
7
8    //数组 2,元素均为对象
9    cJSON * objectArray = cJSON_AddArrayToObject(root, "ObjectArray");
10   cJSON * objectArray_item1, * objectArray_item2;
11   cJSON_AddItemToArray(objectArray, objectArray_item1 = cJSON_CreateObject());
12   cJSON_AddItemToArray(objectArray, objectArray_item2 = cJSON_CreateObject());
13
14   //数组 3,元素均为数组
15   cJSON * arrayArray = cJSON_AddArrayToObject(root, "ArrayArray");
16   cJSON * arrayArray_item1, * arrayArray_item2;
17   cJSON_AddItemToArray(arrayArray, arrayArray_item1 = cJSON_CreateArray());
18   cJSON_AddItemToArray(arrayArray, arrayArray_item2 = cJSON_CreateArray());
```

这段代码的运行结果为：

```
{
    "NumnerArray": [100, 200],
    "ObjectArray": [{ }, { }],
    "ArrayArray": [[], []]
}
```

需要注意的是，数组 2 和数组 3 的元素分别是对象和数组。因为对象和数组可以继续嵌套内容，所以在代码的第 11 行、第 12 行、第 17 行、第 18 行用指针记录下了对象和数组的地址，从而方便后续使用。

**4. 输出 JSON 数据**

cJSON 库创建的 cJSON 数据是以链表的形式保存在内存中的。只有将链表中包含的数据转化为普通的字符串后才能在网络上传输。cJSON 提供了两个函数来将 cJSON 数据输出为 JSON 字符串，即

```
char * cJSON_Print(cJSON * item)
char * cJSON_PrintUnformatted(cJSON * item)
```

使用这两个函数分别可以输出展开形式和压缩形式的 JSON 数据，例如，

```
char * cFormattedJSON = cJSON_Print(root);
char * cUnformattedJSON = cJSON_PrintUnformatted(root);
```

需要注意的是，cJSON_Print() 和 cJSON_PrintUnformatted() 这两个函数会调用malloc()函数申请内存空间。所以输出 JSON 数据后要调用 free()函数释放内存，即

```
free(cFormattedJSON);
free(cUnformattedJSON);
```

同样地,在输出 JSON 数据后,还需要调用 cJSON_Delete() 函数将整个 cJSON 链表(包括嵌套对象)清空,例如,

```
cJSON_Delete(root);
```

**5. 应用示例**

下面使用 cJSON 库生成 Zhang San 同学的 JSON 数据(见示例代码\ch8\ch8-3GenerateJSON\),具体代码如下:

```
1   cJSON * root = cJSON_CreateObject();
2   cJSON_AddStringToObject(root, "Name", "Zhang San");
3   cJSON_AddNumberToObject(root, "Age", 22);
4
5   cJSON * addr = cJSON_AddObjectToObject(root, "Address");
6   cJSON_AddStringToObject(addr, "City", "Nanjing");
7   cJSON_AddStringToObject(addr, "Zipcode", "210000");
8
9   cJSON * ski = cJSON_AddArrayToObject(root, "Skill");
10   cJSON_AddItemToArray(ski, cJSON_CreateString("C"));
11   cJSON_AddItemToArray(ski, cJSON_CreateString("C++"));
12   cJSON_AddItemToArray(ski, cJSON_CreateString("Qt"));
```

第 1~3 行代码用于生成最外层的根对象和属于根对象的键值对 Name、Age。这 3 行代码生成的 JSON 数据为:

```
{
    "Name": "Zhang San",
    "Age": 22
}
```

第 5~7 行代码先生成嵌套的空白对象 Address,然后再向 Address 插入键值对 City 和 Zipcode。第 1~7 行代码的运行结果为:

```
{
    "Name": "Zhang San",
    "Age": 22,
    "Address": {
        "City": "Nanjing",
        "Zipcode": "210000"
    }
}
```

第 9~12 行代码先生成空白数组 Skill(第 9 行),并得到空白数组的指针 ski。然后通过指针 ski 向数组中添加元素(第 10~12 行)。这样就完成了 Zhang San 同学 JSON 数据的生成。由于最终生成的 JSON 数据与 8.1.5 节开始处给出的 JSON 数据相同,因此此处不再给出运行结果。

## 8.1.7 使用 cJSON 库解析 JSON 数据

cJSON 不仅能够生成 JSON 数据，还能解析 JSON 数据。下面来学习 cJSON 库中用于解析 JSON 数据的函数。

**1. 原始数据的解析**

cJSON_Parse()函数可以将 JSON 字符串解析成 cJSON 对象链表，参数是保存 JSON 数据的字符数组，返回值为 cJSON 对象指针。该函数是解析 JSON 数据的起点。

例如，要解析下面这段 JSON 数据：

```
{
    "Pi":3.14,
    "NaturalConstant":{
        "e":2.718
    }
}
```

如果这段 JSON 数据保存在了字符数组 JSON_data[]中，那么进行解析的代码是：

```
char JSON_data[] = "{\"Pi\":3.14,\"NaturalConstant\":{\"e\":2.718}}";
cJSON * root = cJSON_Parse(JSON_data);
```

在实际应用中，JSON 数据往往是从服务器或文件读取的。但是在本例中，JSON 数据是保存在字符数组中的。因为 JSON 数据包含引号、花括号等特殊符号，所以可以使用 JSON 在线处理网站提供的 JSON 处理功能进行自动转义。

**2. 从键值对中提取值**

解析完 JSON 数据后，就可以使用 GetObjectItem()函数提取 cJSON 对象中所需的键值对了。该函数的原型为：

```
cJSON * cJSON_GetObjectItem(cJSON * object, char * string);
```

cJSON 对象由形参 object 给出，提取的键名由形参 string 指明。函数的返回值是根据键名提取出来的 cJSON 结构体指针。通过该指针可以访问结构体成员，从而获取键值。例如，JSON_data[]数组中保存了一段 JSON 数据。下列代码提取了 JSON 数据中 Pi 和 e 的值：

```
1    char JSON_data[] = "{\"Pi\":3.14,\"NaturalConstant\":{\"e\":2.718}}";
2    cJSON * root = cJSON_Parse(JSON_data);
3
4    cJSON * pi = cJSON_GetObjectItem(root, "Pi");
5    cout << "Pi: " << pi->valuedouble << endl;
6
7    cJSON * nc = cJSON_GetObjectItem(root, "NaturalConstant");
8    cJSON * e = cJSON_GetObjectItem(nc, "e");
```

```
9    cout << "e: " << e -> valuedouble;
10
11   cJSON_Delete(root);
```

在这段代码中,首先对 JSON 数据进行解析(第 2 行)。然后调用 GetObjectItem()将键名为 Pi 的 cJSON 结构体提取出来(第 4 行)。由于知道数据是浮点数,因此可以直接访问该结构体的 valuedouble 元素得到数据(第 5 行)。对于嵌套对象 NaturalConstant,则需要先将对象提取出来(第 7 行),然后再将其中的键值对提取出来(第 8 行),最后访问键值对的值(第 9 行)。这段代码的运行结果为:

```
Pi: 3.14
e: 2.718
```

### 3. 从数组中提取元素

cJSON 提供了用于处理数组的 GetArraySize()和 cJSON_GetArrayItem()两个函数:

```
int cJSON_GetArraySize(cJSON * array);
cJSON * cJSON_GetArrayItem(cJSON * array, int index);
```

GetArraySize()用于获取形参指定的 JSON 数组的元素数量,并将元素数量通过返回值返回。cJSON_GetArrayItem()用于从 JSON 数组中提取出一个元素,其参数为 JSON 数组指针和元素下标(下标从 0 开始)。使用这两个函数处理数组时,既可以遍历数组,也可以直接访问单个数组元素。

例如,下面的 JSON 字符串中包含一个数组:

```
{
    "list": ["a", "b", "c", "d"]
}
```

下列代码使用数组处理函数将数组提取出来,再遍历数组、读取每个元素的值:

```
char JSON_data[] = "{\"list\":[\"a\",\"b\",\"c\",\"d\"]}";
cJSON * root, * list, * item;
root = cJSON_Parse(JSON_data);                    //解析原始数据
list = cJSON_GetObjectItem(root, "list");         //提取整个数组
int size = cJSON_GetArraySize(list);              //获取数组大小
for (int i = 0; i < size; i++)                    //循环遍历数组
{
    item = cJSON_GetArrayItem(list, i);           //提取数组单个元素
    cout << "Item " << i + 1 << ": " << item -> valuestring << endl;
}
cJSON_Delete(root);
```

代码的运行结果为:

```
Item 1: a
Item 2: b
Item 3: c
Item 4: d
```

### 4. cJSON 结构体值类型的判断

在实际应用中,有时可能无法提前知晓 cJSON 结构体中值的类型。在这种情况下,可以使用下列函数判断值的类型:

```
bool cJSON_IsInvalid(cJSON * item);
bool cJSON_IsFalse(cJSON * item);
bool cJSON_IsTrue(cJSON * item);
bool cJSON_IsBool(cJSON * item);
bool cJSON_IsNull(cJSON * item);
bool cJSON_IsNumber(cJSON * item);
bool cJSON_IsString(cJSON * item);
bool cJSON_IsArray(cJSON * item);
bool cJSON_IsObject(cJSON * item);
```

例如,下列代码对 JSON 数据中的数值 3.14 进行了判断。首先调用 cJSON_IsBool( ) 判断是否是布尔值,然后调用 cJSON_IsNumber( )判断是否是数值:

```
char JSON_data[] = "{\"Pi\":3.14,\"NaturalConstant\":{\"e\":2.718}}";
cJSON * root = cJSON_Parse(JSON_data);
cJSON * num = cJSON_GetObjectItem(root, "Pi");
cout << cJSON_IsBool(num)<< endl;
cout << cJSON_IsNumber(num) << endl;
```

代码的运行结果为:

```
0         //不是布尔值
1         //是数值
```

### 5. 应用示例

下面用本节介绍的函数来解析 Zhang San 同学的 JSON 数据,代码如下(见"示例代码\ch8\ch8-4ParseJSON\"):

```
1    char message[] = "{\"Name\":\"Zhang San\",\"Age\":22,\"Address\":{\"City\":\"Nanjing
\",\"zipcode\":\"210000\"},\"Skill\":[\"C\",\"C++\",\"Qt\"]}";   //转义后的 JSON 字符串
2    // 定义变量,保存数据的各个值
3    cJSON * root = NULL;
4    cJSON * name = NULL;
5    cJSON * age = NULL;
6    cJSON * address = NULL;
7    cJSON * address_city = NULL;
8    cJSON * address_zipcode = NULL;
9    cJSON * skill = NULL;
```

```
10   int skill_array_size = 0, i = 0;
11   cJSON * skill_item = NULL;
12
13   // 解析 JSON 数据
14   root = cJSON_Parse(message);
15
16   // 根据名称提取键值对
17   name = cJSON_GetObjectItem(root, "Name");
18   age = cJSON_GetObjectItem(root, "Age");
19   cout << "Name: " << name->valuestring << endl;
20   cout << "Age: " << age->valueint << endl;
21
22   // 解析嵌套 JSON 数据
23   address = cJSON_GetObjectItem(root, "Address");
24   address_city = cJSON_GetObjectItem(address, "City");      //提取值
25   address_zipcode = cJSON_GetObjectItem(address, "Zipcode");   //提取值
26   cout << "Address - city: " << address_city->valuestring << endl;
27   cout << "Address - zipcode: " << address_zipcode->valuestring << endl;
28
29   // 解析数组
30   skill = cJSON_GetObjectItem(root, "Skill");
31   skill_array_size = cJSON_GetArraySize(skill);
32   for (i = 0; i < skill_array_size; i++)
33   {
34     skill_item = cJSON_GetArrayItem(skill, i);
35     cout << "Skill " << i + 1 << ": " << skill_item->valuestring << endl;
36   }
37
38   cJSON_Delete(root);                                      //释放内存空间
```

代码的第3~11行用于定义变量,存放 JSON 中各个键值的数据。代码的第14行将 JSON 字符串转化为 cJSON 对象。代码的第17~20行用于提取键值对 name 和 age 的值并输出。代码的第23~27行用于将嵌套的 address 对象提取出来并输出。代码的第30~36行用于提取数组的各个元素并输出。最后使用 cJSON_Delete()函数释放内存空间。

这段代码的运行结果为:

```
Name: Zhang San
Age: 22
Address - city: Nanjing
Address - zipcode: 210000
Skill 1: C
Skill 2: C++
Skill 3: Qt
```

在本例中,因为提前知道数据的类型,所以直接调用函数提取数据。如果不能提前确定数据的类型,那么应该先判断类型,再提取数据。

### 8.1.8  OneNET 平台的数据在线展示功能

**1. OneNET 平台的数据在线展示功能**

将气象站程序采集的数据发送到 OneNET 平台，一方面可以实现数据的云端归集，另一方面可以进行数据的在线展示和监控。OneNET 平台提供了在线应用和数据可视化 View 两种功能，都可以实现数据的在线展示。

在线应用功能提供了基本的数据可视化展示能力，支持折线图、柱状图、地图、轨迹、标签等控件来展示信息；还提供了开关、旋钮等控件，可以实现对设备的简单控制。在线应用支持多页面功能，且每个页面的内容相互独立，方便分类展示数据。

数据可视化 View 则提供了企业级数据可视化功能，提供了超过 500 个控件，具有 3D 场景搭建、2D/3D 组件互调，能轻松实现表关联、设置过滤条件、进行数据建模等操作。但是数据可视化 View 的高级功能是收费的，用户只能免费使用基础功能创建一个项目。本节以在线应用功能为例，介绍在线展示页面的设计过程。

**2. 在线应用功能介绍**

在线应用功能位于项目页面的"应用管理"分类下，其设计界面如图 8.10 所示。设计界面中的①为页面切换区，可以在应用的各个页面之间切换。②为组件库，类似于 Qt 的控件库，分为基础元素和控制元素两类。③是界面设计区。图中仅放置了一个仪表盘（dashboard）控件。④是控件属性和样式设置区，可以选择控件的数据来源、设置控件的外观等。⑤是图层，里面列出了当前页面用到的控件。因为页面上只有一个仪表盘控件，所以控件列表中只有一项。

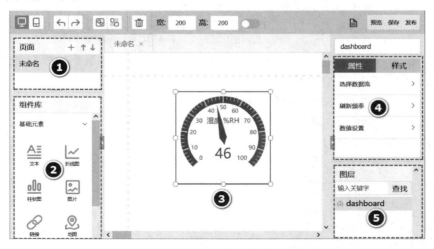

图 8.10　OneNET 平台的在线应用设计界面

在线应用功能的控件分为基础元素和控制元素两类，如图 8.11 所示。基础元素包含文本、折线图、柱状图、仪表盘等控件。它们只能显示设备数据，不能对设备下发命令。控制元素包含旋钮、开关和命令 3 种控件。它们不但能显示设备数据，还能下发命令给设备，实现远程控制。

图 8.11　在线应用功能提供的控件

下面简要介绍各个控件的使用方法和特性。

（1）文本。可以显示固定文字，也可以根据数据流的内容来显示。文本的字体、字号、颜色、背景色、对齐方式、行距等参数均可以调整。

（2）折线图、柱状图。可以通过图形的方式显示一个或者多个数据流的数据。图形的显示效果、曲线的颜色、坐标轴的样式都可以单独调整。

（3）图片。可以显示用户上传的图片，也可以根据数据流的值显示特定的图片。

（4）链接。可以在页面上添加一个超链接。

（5）地图。可以根据数据流的GPS坐标在地图上显示相应位置。

（6）仪表盘。采用仪表盘的形式显示数据流的值，类似于 QUC SDK 的显示效果。仪表盘的最大值、最小值、样式都可以分别设置。

（7）轨迹。轨迹控件可以在地图上显示设备的 GPS 轨迹。轨迹的开始日期和结束日期可以在界面上设置。

（8）设备。通过设备控件可以统一修改界面上所有控件的"设备"属性，从而在同一个界面上显示来自不同设备的数据。

（9）旋钮。能根据数据流来显示数值，也可以向设备下发数据。旋钮的最大值、最小值、步长等参数和旋钮的显示样式都可以单独调整。

（10）开关。能根据数据流的值显示开关的状态。用户也可以在网页上单击开关，从而向设置好的数据流发送控制命令。

（11）命令。设置好数据流后，可以向对应的数据流发送数据，包括字符串数据、十六进制数据等。

**3. 在线展示页面的设计**

图 8.12 是本节设计好的气象站数据在线展示页面。该页面由 4 个仪表盘控件、2 个折线图控件、1 个文本控件构成。

控件最重要的属性就是数据源和数据流。单击任何一个控件，均可以在控件的属性区域进行设置。如图 8.13 所示，单击仪表盘控件后，可以指定控件的数据来源为"气象站"，数据流为 Temperature，同时将标题设为"温度℃"。选择完成后，控件内容会自动更新。

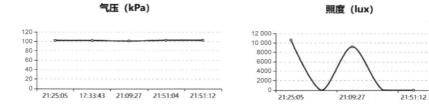

风向（°）：　102

图 8.12　气象站数据的在线展示页面

图 8.13　仪表盘控件的属性和样式设置

视频讲解

# 8.2　实践案例：简易气象站程序 V3.0 的实现

　　本节继续对 V2.0 版本的气象站程序进行更新，增加 HTTP 通信功能。通信时使用 JSON 数据格式将数据发送到 OneNET 物联网平台（参见示例代码\ch8\ch8-5SimpleWeatherStation V3.0\）。在本节开始前，需要在 OneNET 平台的多协议接入服务中新建一个 HTTP 协议工程，并在工程中新建一个设备（本章使用名为"气象站"的设备作为例子进行讲解）。具体新建过程与新建 TCP 透传工程类似。

## 8.2.1　JSON 数据的生成

向 OneNET 平台发送数据时，需要遵循平台指定的 JSON 格式。下面是一条 OneNET 平台能够接受的 JSON 数据：

```
{
    "datastreams": [
        {
            "id": "temperature",
            "datapoints": [
                {
                    "value": 25
                }
            ]
        }
    ]
}
```

这条 JSON 数据只能上传 1 个物理量。但是在气象站有 7 个物理量需要上传。经测试，只要按照格式继续向 datastreams 数组插入元素，就能一次发送多个数据。

按照这样的思路，可以在 ClassGY39 类中增加 dataToJSON() 函数，用于将数据转化为 JSON 格式：

```
QByteArray ClassGY39::dataToJSON()
{
    cJSON * root, * array1, * array2, * obj1, * obj2;

    root = cJSON_CreateObject();
    array1 = cJSON_AddArrayToObject(root, "datastreams");

    //重复下列代码段，将所有的物理量都添加到 JSON 中
    cJSON_AddItemToArray(array1, obj1 = cJSON_CreateObject());
    cJSON_AddStringToObject(obj1, "id", "Humidity");
    array2 = cJSON_AddArrayToObject(obj1, "datapoints");
    cJSON_AddItemToArray(array2, obj2 = cJSON_CreateObject());
    cJSON_AddNumberToObject(obj2, "value", getHumidity());

    // 将 cJSON 数据转化为 JSON 文本
    char * cUnformattedJSON = cJSON_PrintUnformatted(root);
    QByteArray JSONData = QByteArray(cUnformattedJSON);

    cJSON_Delete(root);
    free(cUnformattedJSON);
    return JSONData;
}
```

类似地，也可以为 ClassPR3000 类增加一个 dataToJSON() 函数。该函数的代码与上

面的代码类似,可以查看示例代码中的代码。

## 8.2.2　HTTP 发送函数的实现

按照第 7 章中生成 TCP 数据的思路,每个硬件类都能将自己的数据转换为 JSON 数据。但是两个硬件类生成的 JSON 数据无法简单地合并在一起。所以在实现 HTTP 通信时,需要将两个硬件类生成的 JSON 数据分两次进行发送。

考虑到每次进行 HTTP 通信时都需要设置 URL、设置请求头,所以编写了函数 slot_HTTPSendToOneNET()负责控制发送过程。同时编写了函数 HTTPSendJSON(),用于将给定的 JSON 数据发送到服务器。

首先看 HTTP 发送函数 HTTPSendJSON(QByteArray content)。根据 OneNET 开发文档的说明,OneNET 对 POST 请求报文的格式要求如下:

```
POST /devices/ *** /datapoints HTTP/1.1
api - key: ***
Host:api. heclouds. com
Content - Length:66

{"datastreams":[{"id":"test_stream","datapoints":[{"value":28}]}]}
```

其中,第 1 行 URL 中的 *** 是设备 ID,需要根据不同的设备调整。api-key 需要从项目页面获取。而且 api-key 字段不是 Qt 内置的字段,需要调用 setRawHeader()函数添加。综上,HTTPSendJSON()函数的代码如下:

```
QByteArray MainWindow::sendHTTPData(QByteArray content)
{
    QNetworkRequest requestInfo;                                //设置头信息
    QString url = QString("http://api. heclouds. com/devices/ % 1/datapoints"). arg(ui ->
lineEditDeviceID -> text());                                    //设置 URL
    requestInfo. setUrl(QUrl(url));
    requestInfo. setRawHeader("api - key", ui -> lineEditAPIKey -> text(). toUtf8());
                                                                //API - KEY
    requestInfo. setHeader(QNetworkRequest::ContentTypeHeader, "application/json");
    QNetworkReply * reply = m_netManager -> post(requestInfo, content);

    QEventLoop eventLoop;
    connect(reply, SIGNAL(finished()), &eventLoop, SLOT(quit()));
    QTimer::singleShot(1000, &eventLoop, SLOT(quit()));
    eventLoop. exec();

    if (reply -> error() != QNetworkReply::NoError)
    {
        return QByteArray(reply -> errorString(). toUtf8());
    }

    QByteArray qbaResponse = reply -> readAll();                //读取收到的结果
```

```
    reply->deleteLater();
    return qbaResponse;
}
```

槽函数 slot_HTTPSendToOneNET()用于控制通信流程,内容相对而言比较简单:

```
void MainWindow::slot_HTTPSendData()
{
    QByteArray qbaJSONData = m_GY39Device->dataToJSON();      //生成 JSON
    HTTPSendJSON(qbaJSONData);                                //发送 JSON
    qbaJSONData = m_PR3000Device->dataToJSON();               //生成 JSON
    HTTPSendJSON(qbaJSONData);                                //发送 JSON
}
```

除了上述函数,还需要为 HTTP 通信开关控件 imageSwitchHTTP 添加鼠标单击事件处理函数。由于这部分内容前面已经多次提到,因此此处不再给出代码,可在示例代码中查看相关内容。

## 8.3　程序运行结果

本章主要完成了程序的 HTTP 通信功能。该功能与 TCP 通信功能类似,需要联合 OneNET 网站进行测试。

(1) 在程序中填入正确的设备 ID、API-KEY,然后打开 HTTP 通信开关。日志区会输出日志,提示 HTTP 通信已打开,如图 8.14 所示。

图 8.14　在程序中打开 HTTP 通信开关

(2) 如图 8.15 所示,在程序中读取一组测量数据,程序会将数据转化为两条 JSON 数据上传到 OneNET 平台。如果数据的格式和内容正确,OneNET 平台会返回两组提示信息,提示数据上传成功:

15:11:42 使用 HTTP 发送数据
15:11:42 HTTP 服务器回应 {"errno":0,"error":"succ"}
15:11:42 使用 HTTP 发送数据
15:11:42 HTTP 服务器回应 {"errno":0,"error":"succ"}

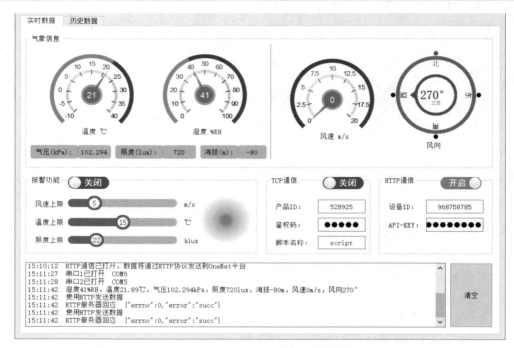

图 8.15　程序从硬件读取一组测量数据并发送到 OneNET 平台

同时在 OneNET 平台对应设备的数据流页面中也会显示接收到的数据，如图 8.16 所示。

| Temperature 2022-10-10 15:11:42 | Illumination 2022-10-10 15:11:42 | Altitude 2022-10-10 15:11:42 | Humidity 2022-10-10 15:11:42 |
|---|---|---|---|
| 21.8 | 720 | -80 | 41 |

| Pressure 2022-10-10 15:11:42 | WindDirection 2022-10-10 15:11:42 | WindSpeed 2022-10-10 15:11:42 | |
|---|---|---|---|
| 102.293 | 270 | 0 | |

图 8.16　OneNET 接收到了程序发送的数据

以温度、湿度、照度数据为例，气象站程序获取的数据为 21.89℃、41%RH、720lux（见图 8.15），而 OneNET 平台接收到的数据为 21.8℃、41%RH、720lux（见图 8.16）。

（3）OneNET 平台在线应用页面可以查看气象站程序发送的数据，如图 8.17 所示。使用气象站程序多次进行测量，可以看到在线应用页面也会随之刷新。

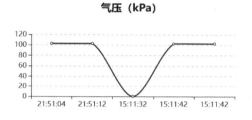

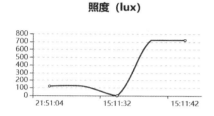

风向（°）：270

图 8.17　通过 OneNET 数据展示页面查看测量结果

# 8.4　本章小结

本章介绍了 HTTP 的相关知识和 JSON 的使用。重点学习了 Qt 进行 HTTP 通信的方法和 cJSON 库的使用方法，实现了气象站和 OneNET 平台的 HTTP 通信。有兴趣的读者可以继续学习 Qt 多线程的知识，实现多线程网络通信，也可以学习 OneNET 平台的数据可视化 View 功能，实现更复杂的数据可视化功能。

# 附录 A    气象站硬件原理图

## 1. USB 转接板原理图

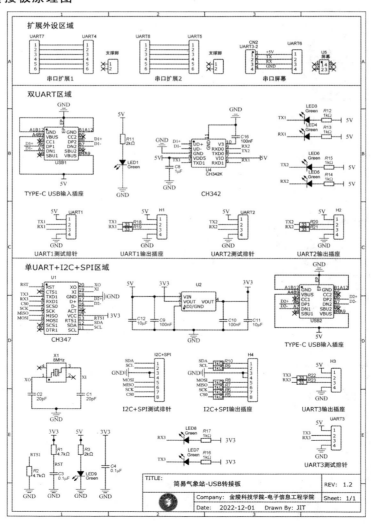

## 2. 底板原理图

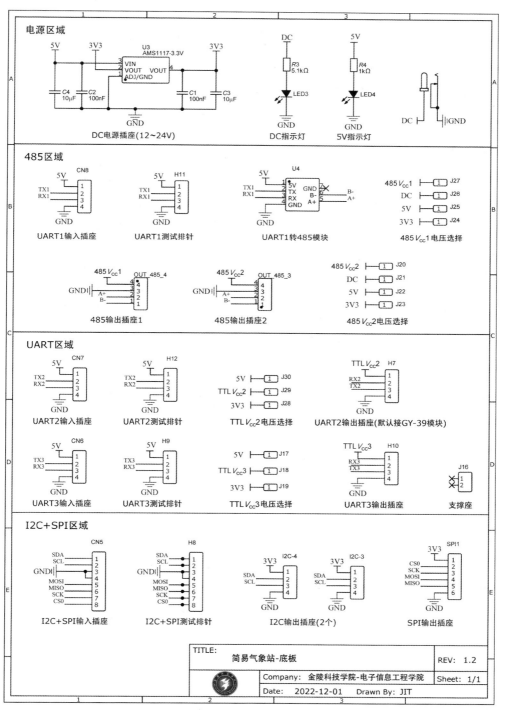

# 参 考 文 献

[1] 周云波.串行通信技术——面向嵌入式系统开发[M].北京：电子工业出版社,2019.

[2] 杨更更.Modbus 软件开发实战指南[M].2 版.北京：清华大学出版社,2021.

[3] GB/T 19582.2—2008,基于 Modbus 协议的工业自动化网络规范 第 2 部分：Modbus 协议在串行链路上的实现指南[S].北京：中国标准出版社,2008.

[4] [美]史蒂芬·普拉达.C++Primer Plus 中文版[M].6 版.张海龙,袁国忠,译.北京：人民邮电出版社,2020.

[5] 明日科技.C++从入门到精通[M].5 版.北京：清华大学出版社,2021.

[6] 梁庚,陈明,魏峰.高质量嵌入式 Linux C 编程[M].2 版.北京：电子工业出版社,2019.

[7] 王维波,栗宝鹃,侯春望.Qt 5.9 C++开发指南[M].北京：人民邮电出版社,2021.

[8] 朱晨冰,李建英.Qt 5.12 实战[M].北京：清华大学出版社,2020.

[9] 江少锋,钟世达.医用仪器软件设计——基于 Qt(Windows 版)[M].北京：电子工业出版社,2021.

[10] [英]埃本·阿普顿.树莓派用户指南[M].4 版.王伟,等译.北京：人民邮电出版社,2020.

[11] [美]特南鲍姆,[美]韦瑟罗尔.计算机网络[M].5 版.严伟,潘爱民,译.北京：清华大学出版社,2012.

[12] 谢希仁.计算机网络[M].8 版.北京：电子工业出版社,2021.

[13] [日]上野宣.图解 HTTP[M].于均良,译.北京：人民邮电出版社,2021.

[14] [美]巴塞特.JSON 必知必会[M].魏嘉汛,译.北京：人民邮电出版社,2022.

[15] 董玮,高艺.从创意到原型：物联网应用快速开发[M].北京：科学出版社,2019.